太空

[意] 茱莉亚 · 德 · 阿米克斯 / 绘
姜昊骞 / 译

江西美术出版社
全国百佳出版单位

目 录

前 言

欢迎！
你即将参加一次
星际旅行，
探访
太空中
最遥远的地方。
你做好
准备了吗？

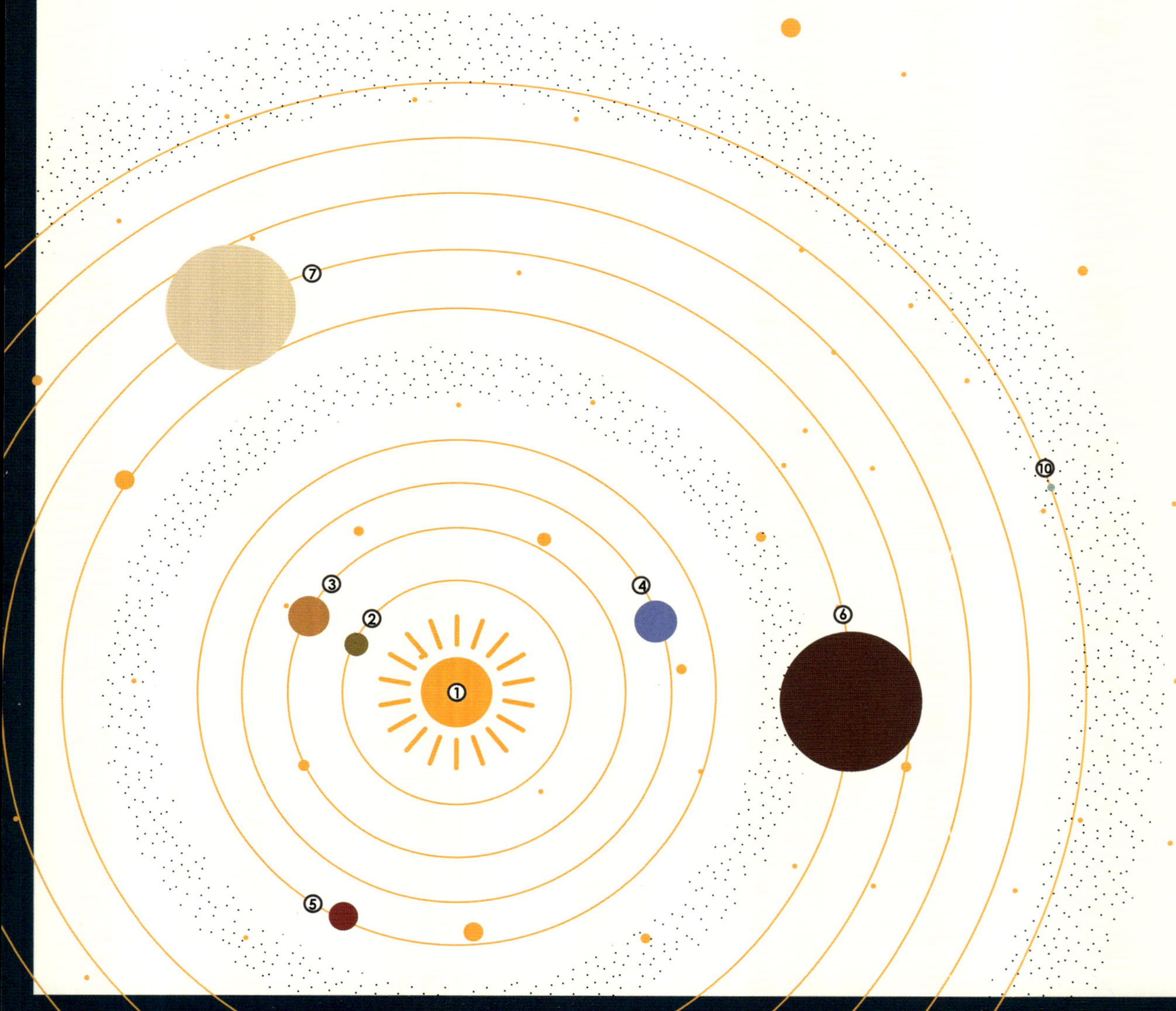

本书是专为勇敢、爱探索的小探险家们设计的一架火箭发射台，即将带领他们探索宇宙中最美妙的景象。

但是，在出发前，你必须知道一点：这不是一本普通的书！

书中没有用大段复杂的专业术语来论述，而是采用精美的信息图表来说明宇宙中深奥的科学知识。因此每一条科学信息，每一种科学现象都是一看就懂！

本书采用的语言风格以及图文并茂的呈现方式就是：信息图表。

每个宇航员都知道，宇宙中的距离与数量都大得惊人，这些庞大的数字如何理解呢？于是本书将数字转化成了很容易理解的点、线与图画。

书中语言言简意赅、深入浅出，将宇宙最深奥的秘密娓娓道来；同时辅以精美图表和彩色插图，力求做到通俗易懂而不失趣味。

通俗易懂的信息图表并不会减少探索的乐趣。首先，你们会记住一些人类太空探索的重大时刻。

接下来，你将详细地了解太阳系，了解地球与其他行星有哪些差别。换个角度看，就是地球有什么独特之处！

太阳系的边缘是神秘莫测的柯伊伯带。越过那里，我们会继续探索我们所在的星系——银河系。我们将发现：它也只不过是整个宇宙中很渺小的一部分！

在旅行途中，你会遇到比太阳大几千倍的恒星、硕大的黑洞、彗星、小行星和陨石！

最后，你将进入空间站，了解人类如何在太空中生存，这些知识对于未来的宇航员来说太重要了！

准备好出发了吗？
扶好坐稳，
倒计时开始啦！

10…… 9…… 8……
7…… 6……

大事年表

人类太空探索的历史

从最早探究天空以外世界的天文学家，到现代进步到能将宇航员送入外太空并造出空间站，人类走过了一段不可思议、激动人心的探险历程。

1942年

德国V2火箭是第一种进入外太空的运载工具，最高距离地表约100千米。

1946年

从近地轨道拍摄了第一张地球照片，高度约104千米。

1969年

美国宇航员尼尔·阿姆斯特朗与巴兹·奥尔德林搭乘“阿波罗11号”宇宙飞船首次登月成功。

1966年

苏联太空探测器“金星3号”首次着陆于另一颗行星——金星。

1961年

苏联宇航员尤里·加加林是第一位进入太空的人。他搭乘的“东方1号”宇宙飞船首次实现环绕地球轨道飞行，耗时约两小时。

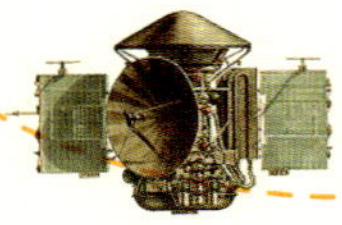

1971年

苏联的“礼炮1号”是第一个向太空发射的空间站。

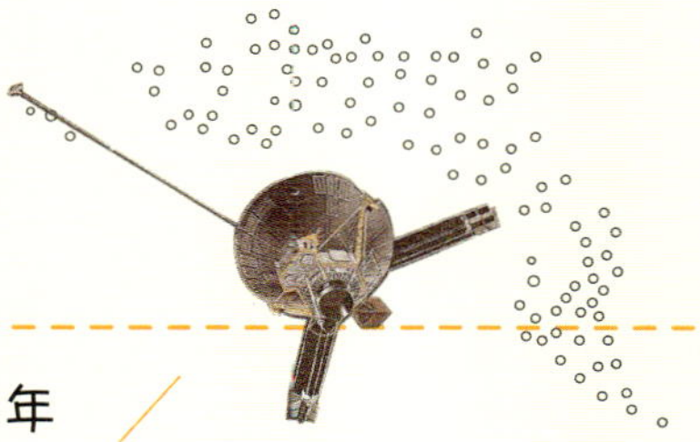

1972年

NASA①发射的“先驱者10号”是第一艘穿越小行星带的宇宙飞船，于1983年飞越海王星。

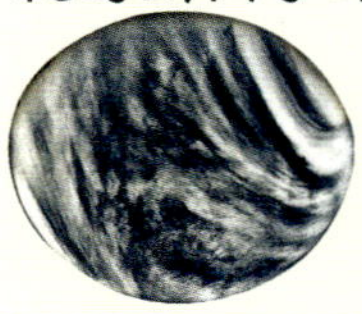

1974年

NASA①的“水手10号”太空探测器向地球发回了第一批从太空拍摄的金星照片。

1998年

国际空间站发射。它是太空中规模最大的宇航员之家。

1997年

“旅居者号”是NASA①发射的第一台火星车。

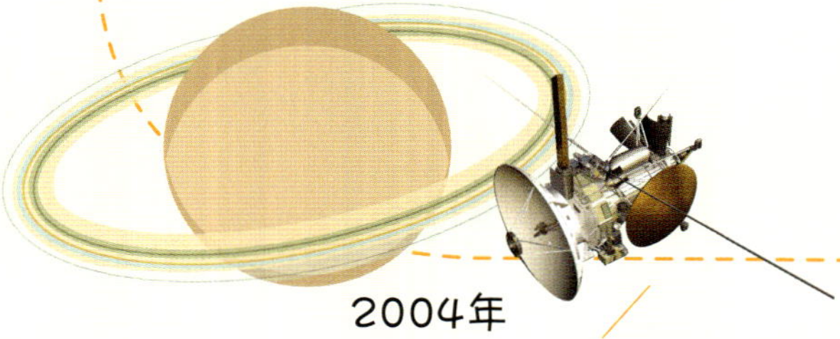

2004年

NASA①的“卡西尼号”是第一个进入土星轨道的探测器，任务于2017年结束，目的是研究土星及其众多自然卫星。

2005年

ESA②发射的“惠更斯号”探测器降落于土星最大的卫星——土卫六表面。它是第一个着陆于外太阳系卫星的探测器。

1947年

果蝇是第一种进入太空的动物，旨在研究太空旅行对生物的影响。果蝇途中以玉米为食。

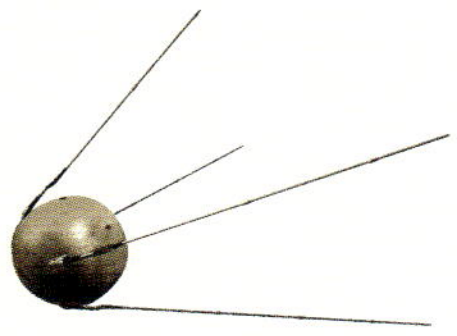

1957年

世界第一颗人造卫星——苏联的“斯普特尼克1号”进入轨道，从太空向地球发回了第一组信号。

1960年

两只小狗贝尔卡和斯特莱克在太空停留了一天。与它们一起的还有1只灰色兔子、42只小鼠、2只大鼠、苍蝇和大量真菌、植物。它们是第一批环绕地球轨道飞行并安全回归的地球生物。

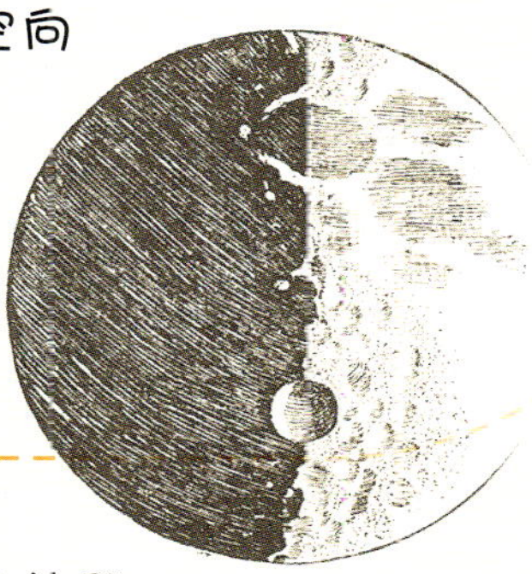

1959年

首次实现地球以外登陆：苏联太空探测器“月球2号”着陆月球。

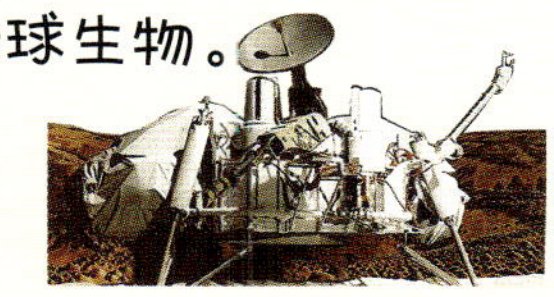

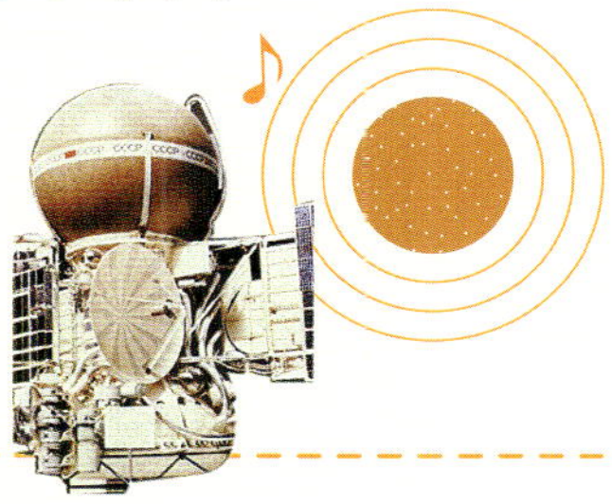

1976年

NASA①发射的“海盗1号”是第一艘成功着陆火星的太空飞船，它向地球发回了第一批火星表面的照片，同时采集了土壤样本。

1982年

苏联探测器“金星13号”采集了金星土壤样本，并首次记录了来自地球以外的声音。

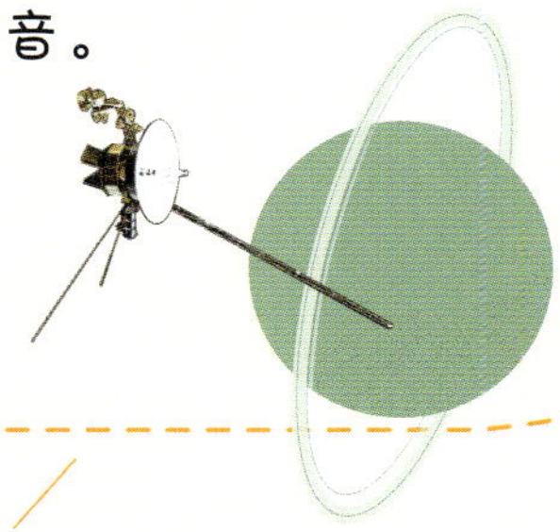

1990年

NASA①与ESA②合作发射的“尤利西斯号”太空探测器进入轨道，于1995年首次完成极轨环日飞行。

1986年

1977年NASA①发射的“旅行者2号”太空飞船低空飞越天王星——太阳系内距离太阳第七远的行星。

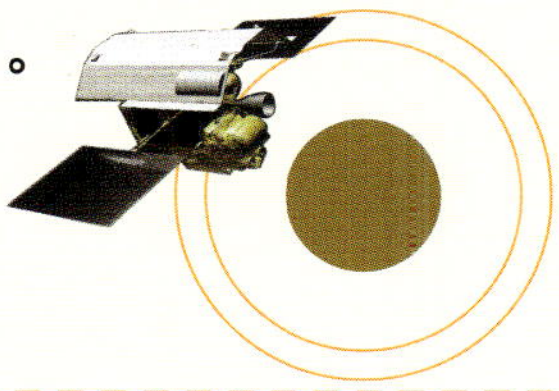

2011年

NASA①的“信使号”太空飞船顺利完成水星环绕飞行任务。

2015年

莴苣：第一种在太空种植、收获，供航天员食用的蔬菜。

2016年

宇航员斯科特·凯利与米哈伊尔·科尔尼延科完成了为期340天的太空任务。

注①：NASA是美国航空航天局的英文缩写。

注②：ESA是欧洲航天局的英文缩写。

宇宙是什么？

宇宙是时间、空间与时空中的一切物质的总和，包括行星、卫星、恒星、星系全部的物质与能量。宇宙至少已存在137亿年，而且将会继续存在下去。

太空的味道

有些宇航员在太空行走之后，说自己的宇航服上留下了一股刺鼻的味道；也有人则将其描述为烧焦的牛排味。在2003年的一次任务结束之后，宇航员唐·佩蒂特试图用语言准确地述说太空的味道。用他的话说，那是“一种很好闻的，香甜的，带金属味的气味”，是“一种宜人的，香甜的，焊接剂挥发的味道”。

大爆炸

当前的主流宇宙学模型是“大爆炸理论”。该理论描述了宇宙诞生及其后续演化的状况。

我们可以将“大爆炸”想象为约130亿年前，在太空中发生的一次威力无比强大的爆炸，宇宙中所有的行星、恒星、星系都由此诞生。

宇宙的歌声

理论上说，太空中是不存在声音的，因为那里没有声波传播所需的空气。但是，在特制仪器的帮助下，天文学家能够录下行星、卫星、光环的电子振动，并将其转化为声音。每个行星、卫星、光环、黑洞和恒星都会发出不同的声音。

通过一种特殊的听力装置，你就能聆听到太空中的各种声音：低声吼叫、短促的金石声、蜂鸣声、水波荡漾的声音、风吹拂的声音，乃至其他诡异的、令人毛骨悚然的噪声。它们就是宇宙的“歌声”。

5. 行星与恒星诞生

4. 巨云形成星系

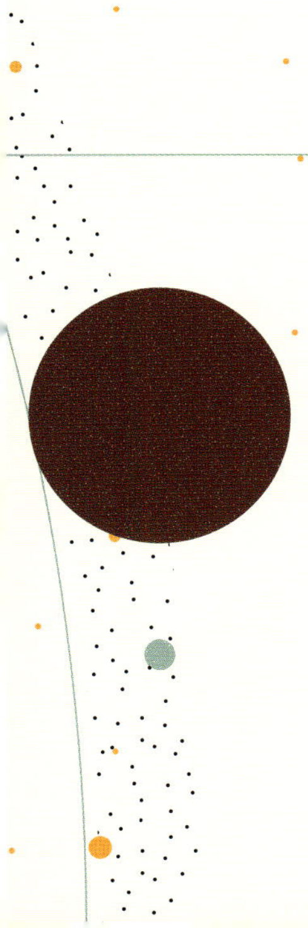

宇宙的形状

天文学家们并不确定宇宙最终是什么形状。他们对宇宙的几何形状给出了三种可能的解释，分别是扁平宇宙、开放宇宙和封闭宇宙。

扁平宇宙

开放宇宙

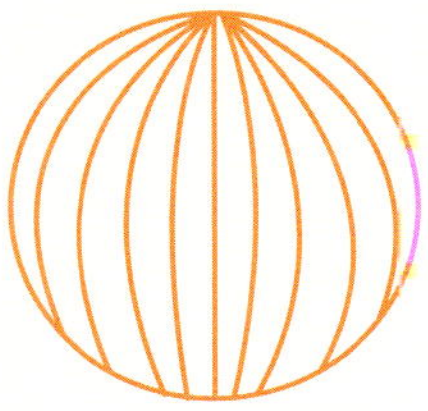

封闭宇宙

我们的太阳系

我们所在的太阳系是银河系的一部分，约形成于46亿年前，由恒星——太阳和围绕它运动的一切物质组成。太阳系包括八大行星及其卫星、矮行星及其卫星、小行星、彗星和无数更小的星际碎片。

轨道与结构

我们可以认为太阳系分为两个部分。水星、金星、地球和火星都是属于内太阳系，它们距离太阳较近，拥有坚硬的石质表层，因而被称为“类地行星”。另一个部分是外太阳系，包括木星、土星、天王星、海王星这四颗气态巨星。海王星轨道外是冥王星，这颗比较小的矮行星拥有坚硬、冰封的表层。

1 太阳
2 水星
3 金星
4 地球
5 火星
6 木星
7 土星
8 天王星
9 海王星
10 冥王星

内太阳系行星

小行星带

外太阳系行星

矮行星——冥王星

柯伊伯带

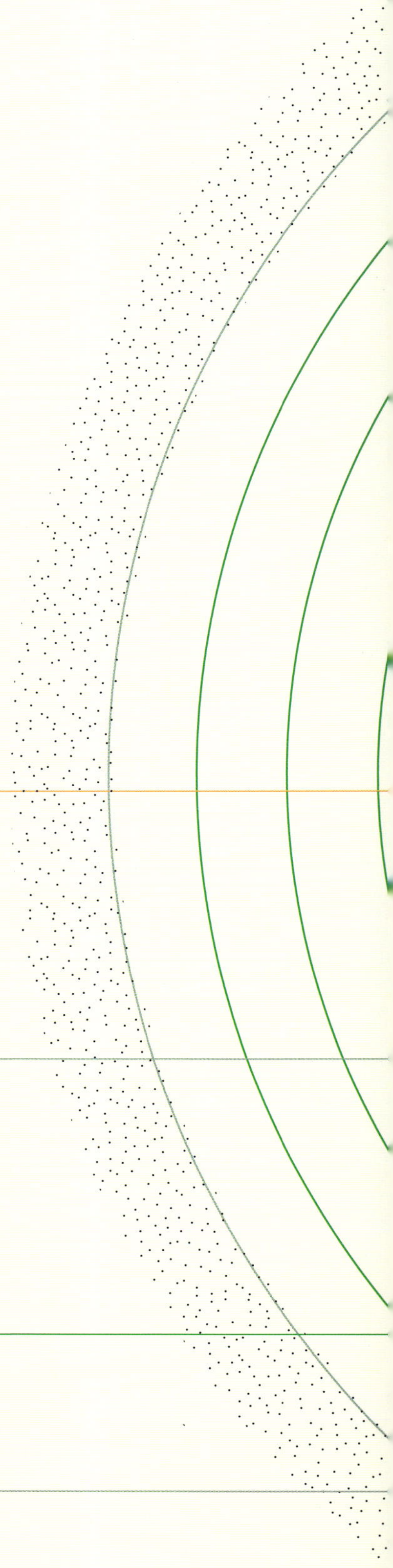

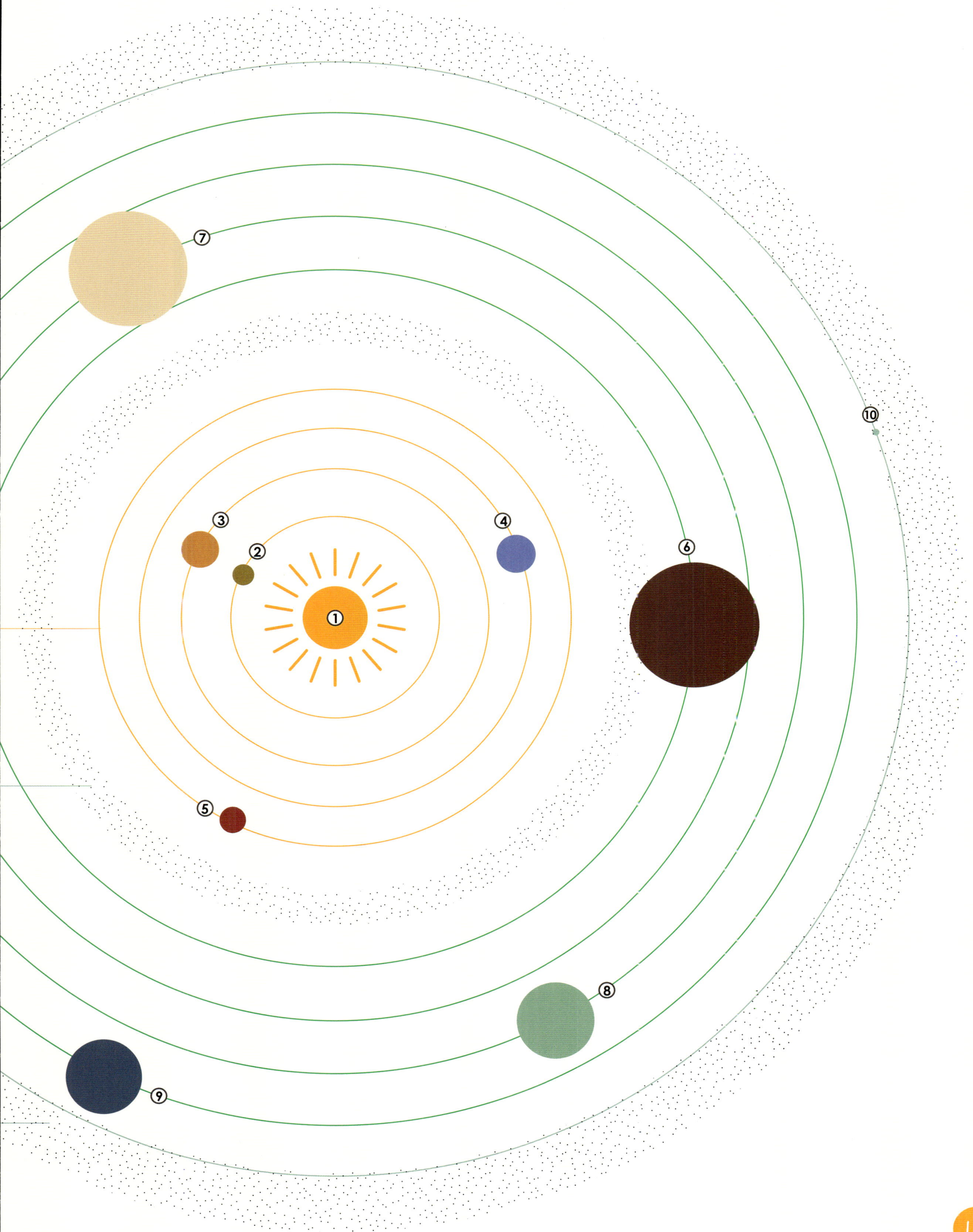
①
②
③
④
⑤
⑥
⑦
⑧
⑨
⑩

行星概览

我们根据结构、成分、大小和特征将太阳系内的行星进行分类，一般可分为三大类。

类地行星

类地行星（又称岩石行星）主要是由硅酸盐岩石或金属构成的。在太阳系内，类地行星是离太阳最近的内行星。

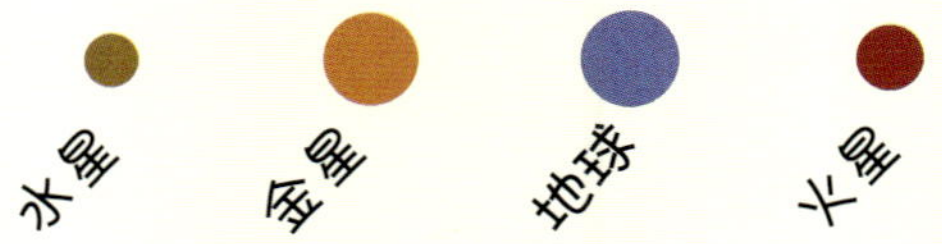

不同行星的“天”和“年”

每颗行星都有自己的运行轨道，轨道各不相同，绕行太阳一周所需的时间和速度都不一样，因而“年”的长度也各有不同。与此类似，行星绕自转轴旋转一周所需的时间也不一样，因而“天”的长度也不一样。

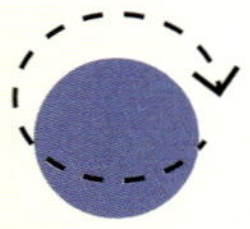

自转周期

自转周期是指行星绕自转轴旋转一周所需的时间。地球自转一周需要24个小时，这便是地球上的一天。

太阳

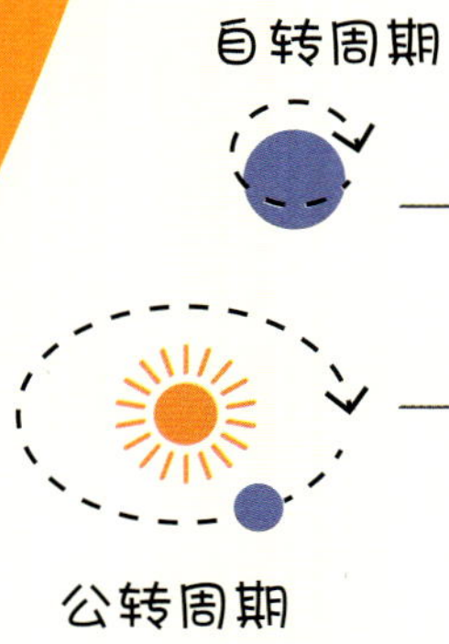

	水星	金星	地球	火星
自转周期	59天	243天	1天	1天
公转周期	88天	225天	365天	687天

以上所有时间单位均以地球时间为准（数值为约数）。

气态巨行星

气态巨行星体积庞大，主要成分是氢和氦。太阳系内的气态巨行星是木星和土星。

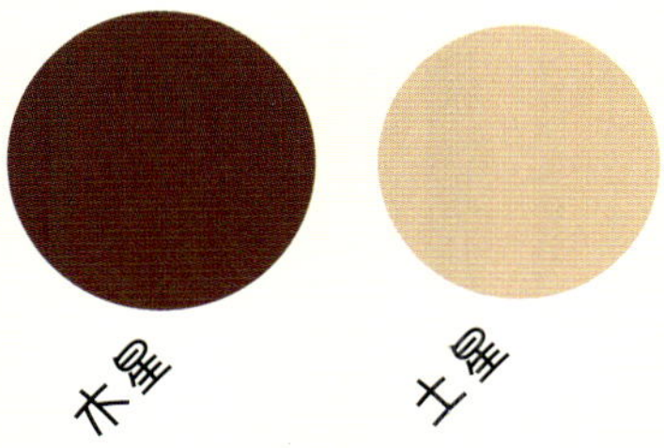

冰巨星

冰巨星是巨大的行星，主要成分是较重的挥发性物质，也就是所谓的“冰”。太阳系内的冰巨星是天王星和海王星。

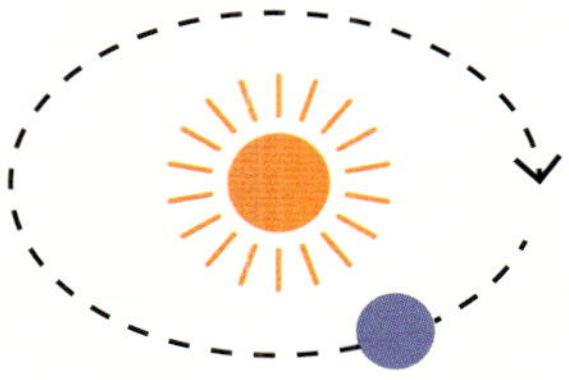

公转周期

公转周期是指行星绕太阳旋转一周所需的时间。地球的公转周期需要365天，也就是所谓的一个“太阳年”。

木星	土星	天王星	海王星
9小时	10小时	17小时	16小时
12年	29年	84年	164年

人造卫星

多个航天器持续观测太阳，了解太阳的奥秘，同时向地球发布恶劣太空天气的警报。

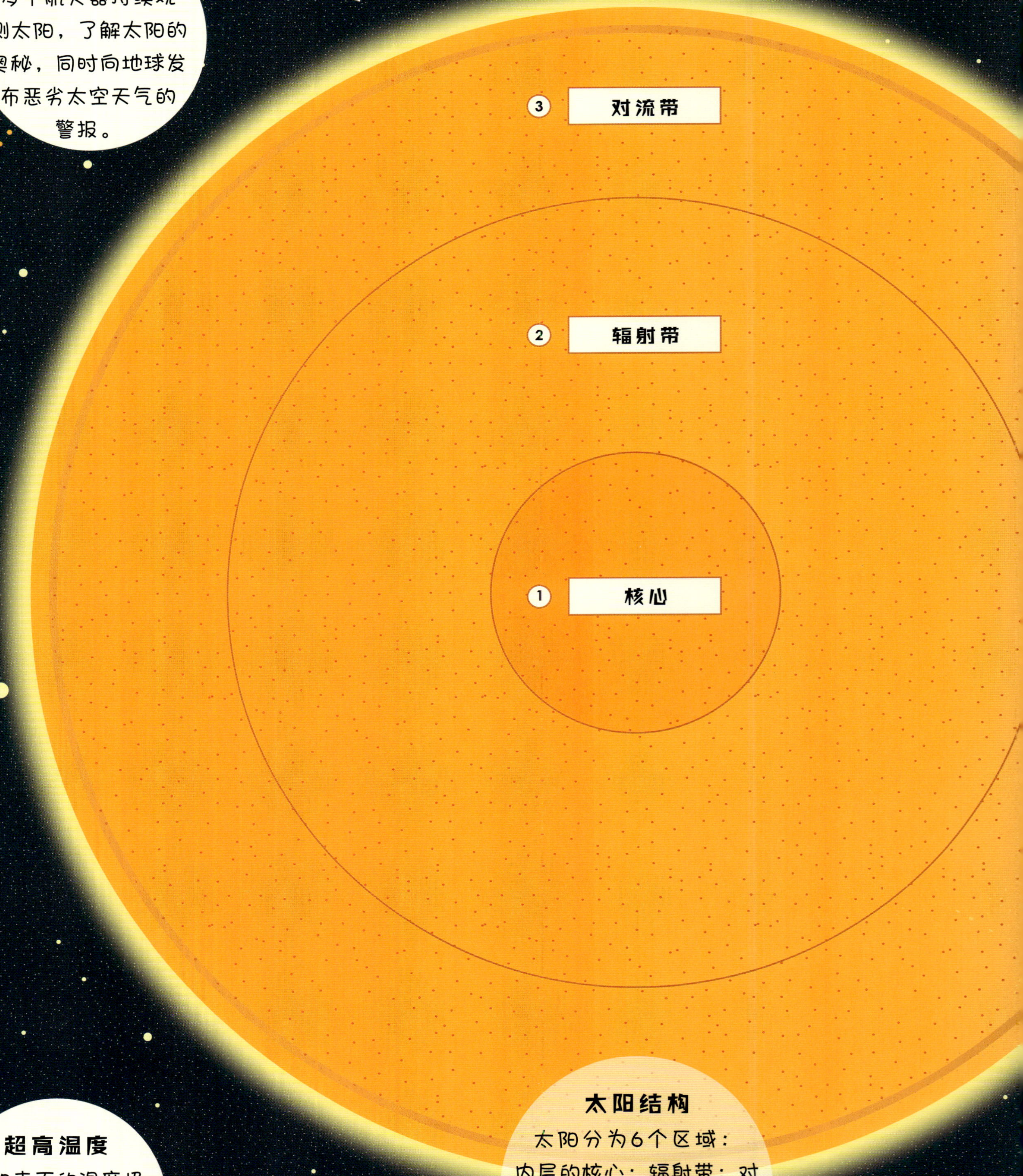

超高温度

太阳表面的温度极高，足以让碳单质沸腾，比如钻石与石墨。

太阳结构

太阳分为6个区域：内层的核心；辐射带；对流带；光球，也就是肉眼可见的表层；色球；还有最外层的日冕。

太阳

我们的太阳是一颗矮星。它是一颗由自身重力结合在一起的气体球，没有固态表面。

由于太阳与地球的相互作用，使地球成了一个适宜生命居住的星球，太阳对我们有着特别的意义。在整个宇宙中还散布着上亿颗类似的恒星。

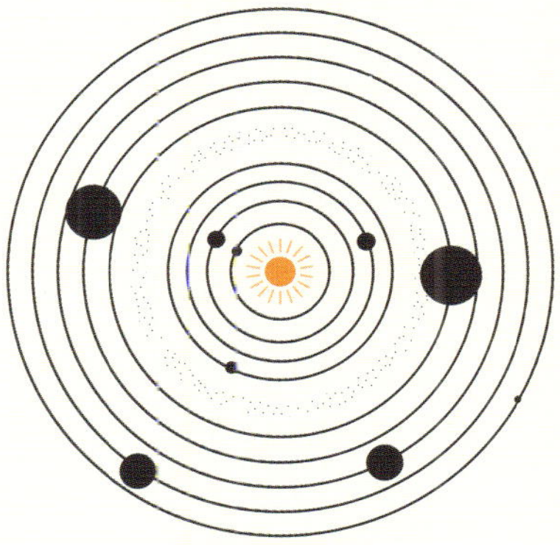

直径：

1 391 400千米

比地球大109倍

温度：

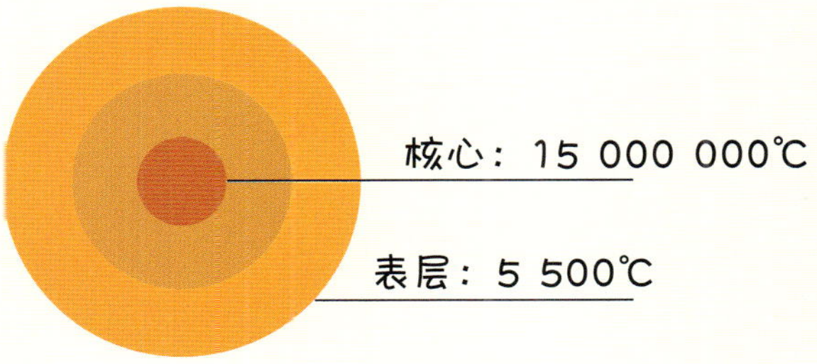

主要成分：

氢、氦

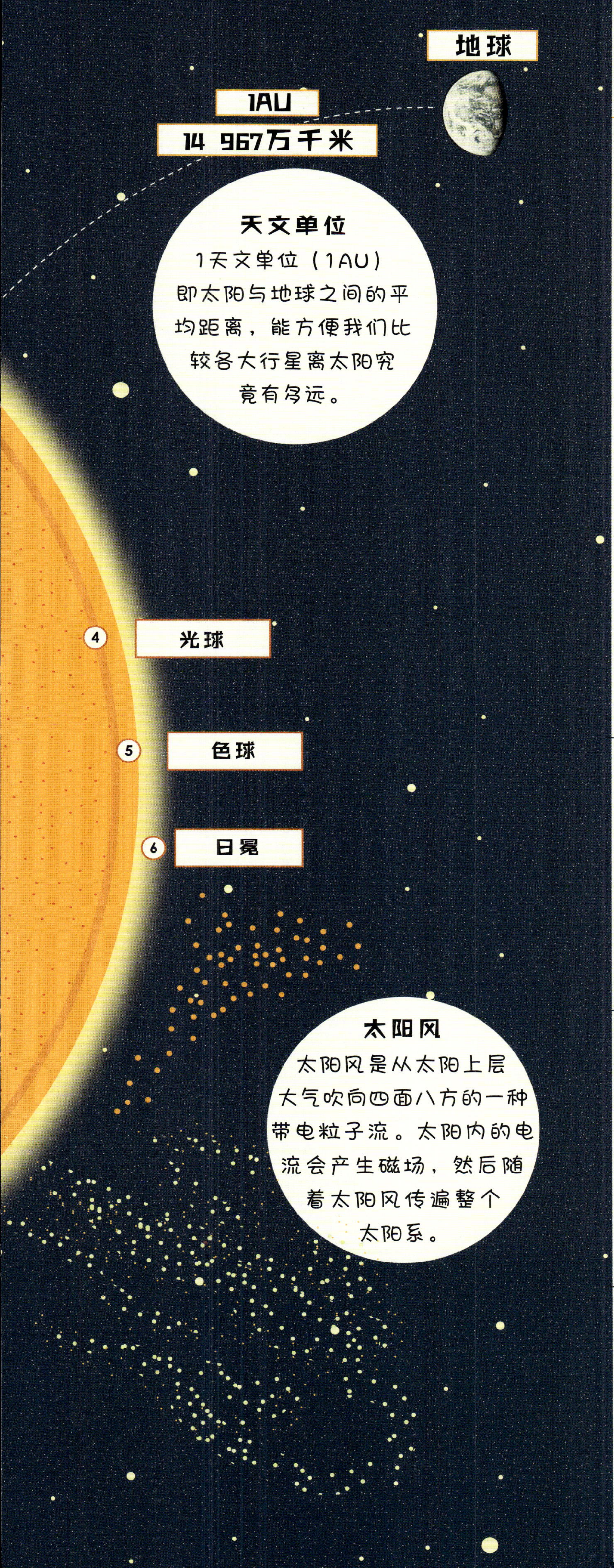

天文单位

1天文单位（1AU）即太阳与地球之间的平均距离，能方便我们比较各大行星离太阳究竟有多远。

太阳风

太阳风是从太阳上层大气吹向四面八方的一种带电粒子流。太阳内的电流会产生磁场，然后随着太阳风传遍整个太阳系。

发现水星

1631年，托马斯·哈利奥特与伽利略·伽利雷使用新发明的望远镜观测到了水星。

水星探测

“信使号”是第一艘环绕水星运行的探测器。它的主要目的是了解这颗最小、密度最高、研究也最少的类地行星。

水星

水星是距离太阳最近的行星，也是太阳系八大行星中最小的一颗。由于它离太阳十分近，所以很难研究。它虽然比月球大不了多少，但却是由铁等重元素组成的，所以要比月球重许多。

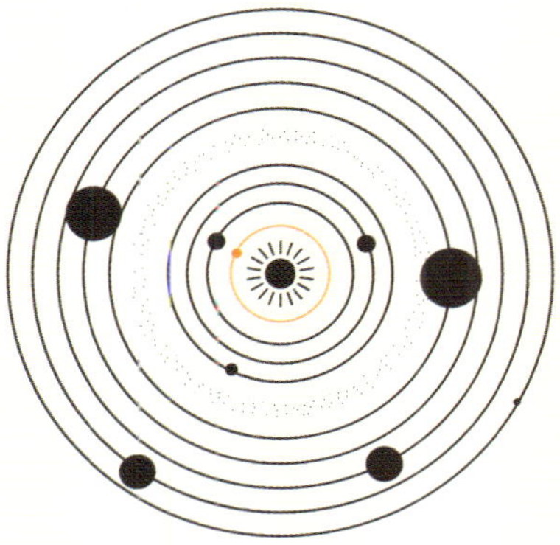

名称来源：

水星（Mercury）得名自古罗马神话中的诸神信使墨丘利。它绕太阳运动的速度非常快。

直径：

4 880千米

比地球小2.6倍

温度：

背阴面-180℃

向阳面430℃

大气主要成分：

水星几乎没有大气层

行星类型：

类地行星

卫星：

水星没有卫星。

光环：

水星没有光环。

最快的行星

水星每88天环绕太阳一周，速度达到每秒近48千米，比其他行星都要快。

水星地貌

水星是内太阳系里最小的行星，仅比月球稍大一点。水星大气稀薄，无法阻止陨石撞击，因此表面遍布陨石坑。

金星时间

金星上的“一天”是太阳系中所有行星里最长的，因为金星自转一周的时间长达243个地球日。

反向旋转

金星是太阳系中两颗自东向西自转的行星之一，金星和天王星的自转方向和其他行星不同。

金星颜色

从太空望去，金星呈现出明亮的白色，因为它被能将阳光反射、散射掉的云层覆盖。厚厚的大气层过滤了阳光，如果你站在金星表面，一切看上去都是橙色的。

金星

金星是距离太阳第二近的行星，也是离地球最近的行星。它的结构、大小都与地球相仿，自转速度缓慢，而且自转方向与大部分行星相反。它浓厚的大气层牢牢锁住热量，造成温室效应严重，让金星成了太阳系内最热的行星。

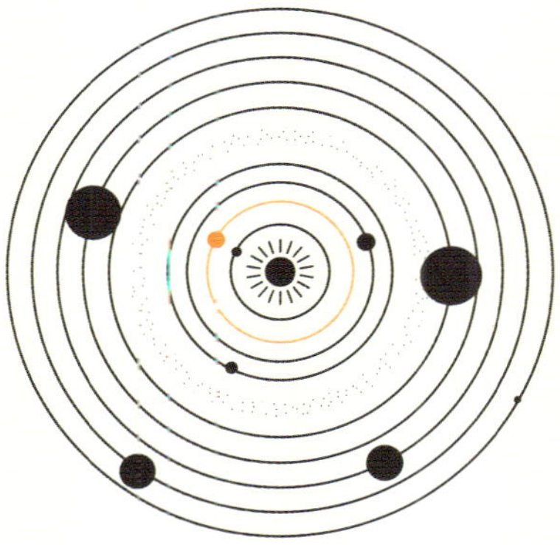

太空探索

1975年，苏联向金星发射了两艘着陆器——“金星9号”与“金星10号”，它们成为第一对成功着陆行星表面的着陆器。

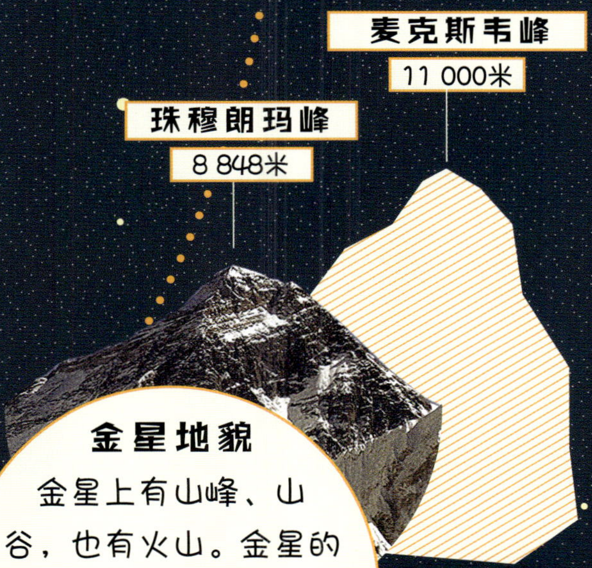

金星地貌

金星上有山峰、山谷，也有火山。金星的最高峰是麦克斯韦峰，高达11 000米，与地球的最高峰珠穆朗玛峰有得一拼。

名称来源：

金星（Venus）得名自古罗马神话中的爱与美之神——维纳斯。

直径：

12 099千米

几乎与地球一样大

温度：

表层462℃

大气主要成分：

二氧化碳、硫酸云团

行星类型：

类地行星

卫星：

金星没有卫星。

光环：

金星没有光环。

名字的起源

除地球外，太阳系内所有行星都是以古希腊诸神和古罗马诸神的名字而命名的。地球（Earth）得名自英语或德语中表示“地面”的词。

唯一的卫星

地球是唯一一个只有一颗卫星的行星。地球之所以成为人类的美好家园，月球起了多方面的作用。比方说，它稳定了地球的摆动，从而降低了地球的气候变化程度。

地球

地球是距离太阳第三近的行星，也是太阳系内体积第五大的行星。它略大于相邻的金星，是类地行星中最大的一颗。它是我们的家园，也是太阳系内唯一已知能维持生命的行星。

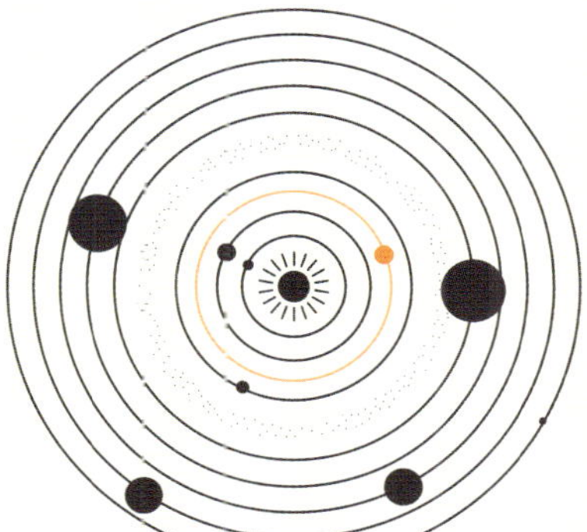

名称来源：

地球（Earth），又名“世界”。Earth这一词至少有一千年的历史了，意思就是“地面”。

直径：

12 756千米

温度：

表层：最低 -88℃

最高58℃

地核：5 400℃

大气主要成分：

氮、氧

行星类型：

类地行星

卫星：

地球有一颗卫星。

光环：

地球没有光环。

结构

地球主要分为四层。内核与外核是灼热的球体，由铁和镍构成。地幔是熔化的岩石组成的高温混合物，质地与焦糖类似。地壳则包括我们居住的地面以及洋底。

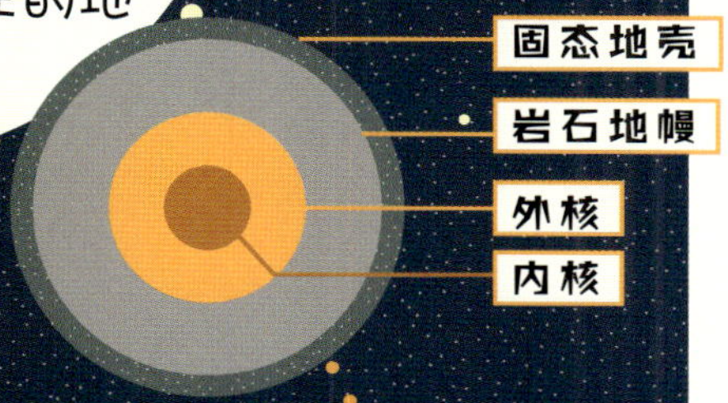

形状

地球并非正球体，而是扁球体，也就是两极扁平的球体。地球的赤道直径比两极直径长约43千米。

蓝色行星

海洋覆盖了地球表面将近70%的面积，同时包含着全地球97%的水。大洋中隐藏着许多火山，其中一些比珠穆朗玛峰还要高。地球最长的山脉也在水下，位于北冰洋和大西洋底部。

月球2号

第一个抵达月球的航天器是“月球2号”。它由苏联制造，1959年着陆月球，全程耗时34小时。

8.5小时

多久能到达？

2006年，NASA发射了“新视野号”，创下了从地球到月球最短时间的纪录。该探测器速度为每小时57 936千米，只用8.5个小时就抵达月球。

月海

月海是黯淡的广大玄武岩平原，由很久以前的火山爆发而形成。古代天文学家将它们误认为真正的大海，于是称之为“mária”，也就是拉丁语“大海”的意思。

月球

月球是自地球之后人类踏足的唯一一个星球。它是从地球地面观测的夜空中最明亮、最大的天体，同时稳定了地球的自转轴摆动，从而使地球气候稳定，让这颗行星成了宜居之所。它还是地球潮汐的原因，几千年来，这种海的韵律一直影响着人类。

直径：

3 475千米
不到地球直径的三分之一

距离地球：

384 400千米
月球与地球的实际距离比看起来要远一些，两者之间能塞下30颗地球这么大的行星。

温度：

最低-233℃
最高123℃

月球地貌

月球表面一直受到小行星、陨石、彗星的撞击，因此遍布撞击坑，其中第谷坑的宽度超过了85千米。

宇航员在月球表面留下了很多东西，包括6面美国国旗和1部照相机。

月球表面的重力仅为地球的六分之一，因此在月球行走的影像中，宇航员看上去都是一蹦一蹦的。

登月第一人

1969年，“阿波罗11号”成为第一艘载人登月航天器。宇航员尼尔·阿姆斯特朗和巴兹·奥尔德林在月球上行走了几个小时，进行实验，采集月岩样本后安全返回地球。

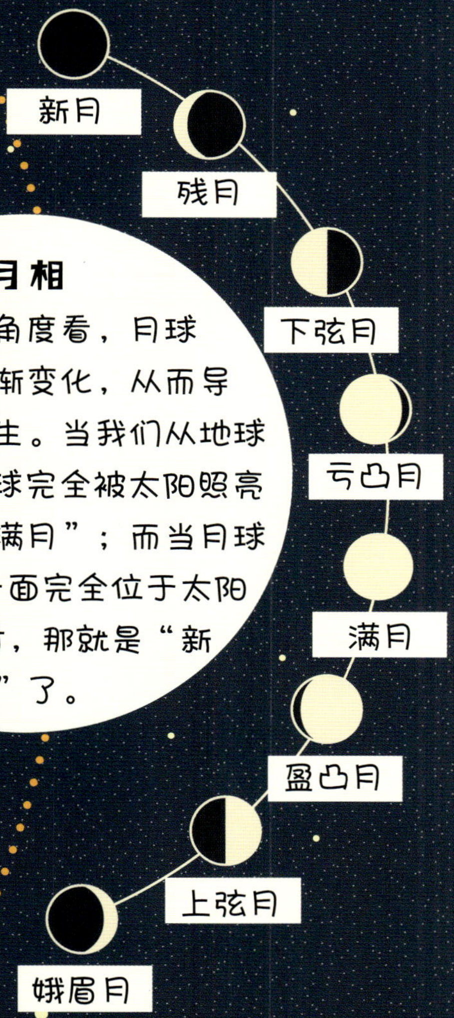

月相

从我们的角度看，月球的光照会逐渐变化，从而导致“月相”产生。当我们从地球看到一半的月球完全被太阳照亮时，那便是“满月”；而当月球面朝我们的一面完全位于太阳的阴影内时，那就是“新月”了。

远离

月球正在逐渐远离地球，速度约为每年3厘米。

火星探索

当前，NASA的火星探测器“好奇号”正在盖尔环形山附近研究火星岩石和土壤，寻找能够揭示火星当前与过去宜居状况的信息，以此探索人类是否能够在火星上生存。

凤凰号探测器

2008年，NASA的“凤凰号”成为了第一个接触火星北极水冰，并观察到雪从云中落下的火星探测车。

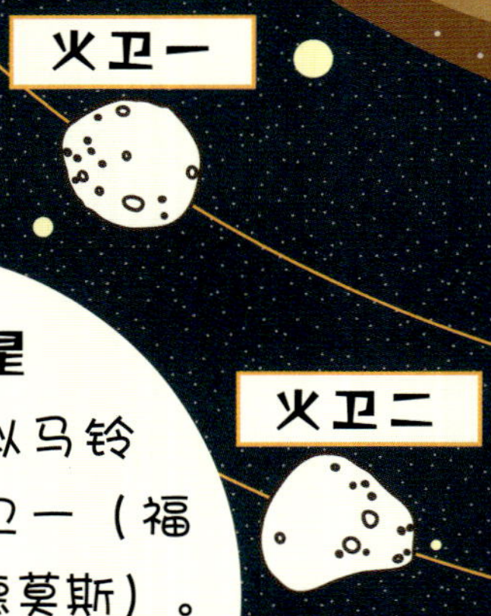

火星的卫星

火星有两个形似马铃薯的小卫星，火卫一（福波斯）和火卫二（德莫斯）。在古罗马神话中，他们是战神玛尔斯的儿子，战斗时总是追随父亲左右。

火星

火星是一个冰冷、荒芜的世界，直径约为地球的一半。与我们的地球一样，火星也有季节、两极冰盖、火山、峡谷和天气。但它的大气层太稀薄了，液态水无法长期存在于地表。它经常被称作“红色行星”，是距离太阳第四近的行星。火星之所以呈现出红色，是因为它表面遍布氧化铁。

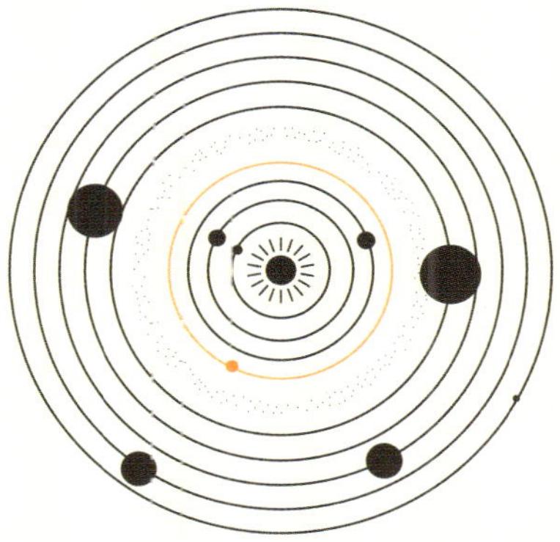

火星两极冰盖

与地球一样，火星的南北两极均有冰盖，其主要成分都是凝固的水。由于火星冰盖中蕴含着丰富的水，一些科学家认为那里可能曾经存在过生命。

奥林匹斯山

火星上的奥林匹斯山是太阳系内最大的火山和最高的山，高度超过24千米，是珠穆朗玛峰的三倍多。

名称来源：

火星（Mars）是以古罗马神话中的战神玛尔斯的名字而命名的，因为它的颜色像洒下的鲜血一样红。

直径：

6 793千米

直径约为地球的一半

温度：

表面最低-153℃

最高20℃

大气主要成分：

二氧化碳、氮、氩

行星类型：

类地行星

卫星：

火星有2颗卫星。

光环：

火星没有光环。

小行星带

小行星带位于火星与木星之间，将靠内的类地行星与靠外的巨行星分隔开来。小行星带首次发现于1801年，由数十万个环绕太阳运行的岩石与碎石组成。

大多数科学家认为，小行星是太阳系形成过程中，未能结合成行星的残余物质。许多较大的小行星都已经被命名。

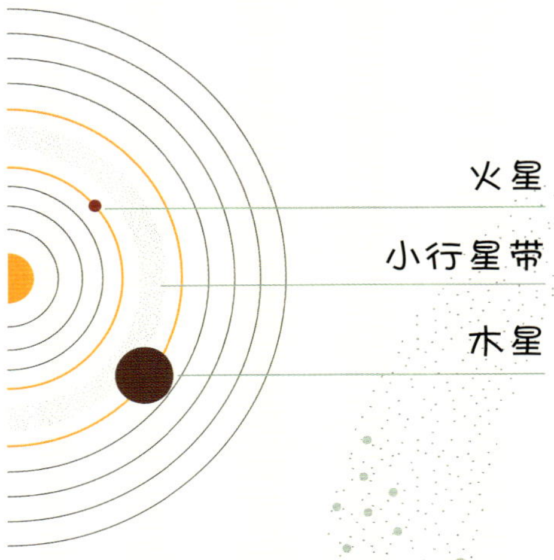

谷神星是一颗矮行星，也是小行星带中最大的天体。它的质量占到了整个小行星带的25%，直径约为945千米，略等于月球直径（3 475千米）的四分之一。

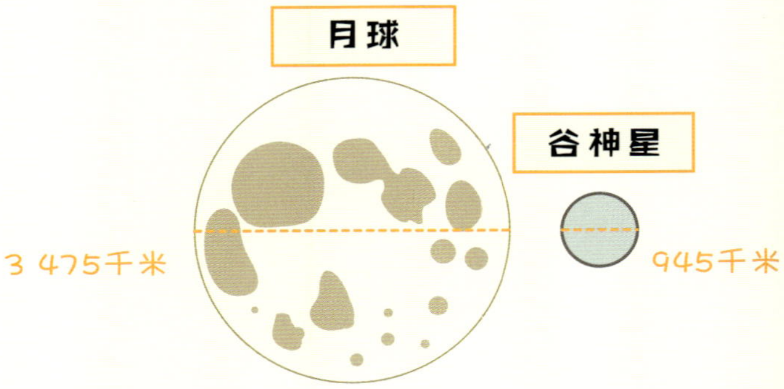

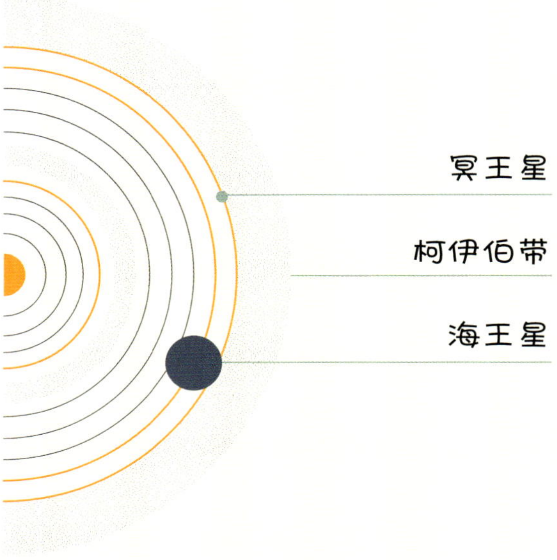

柯伊伯带

与小行星带类似，柯伊伯带也是一个圆盘形的区域。它位于海王星轨道外，包含矮行星、彗星等星体，这些星体的温度都极低。它与太阳的距离约在30—55天文单位之间，其中直径大于97千米的天体超过十万颗。

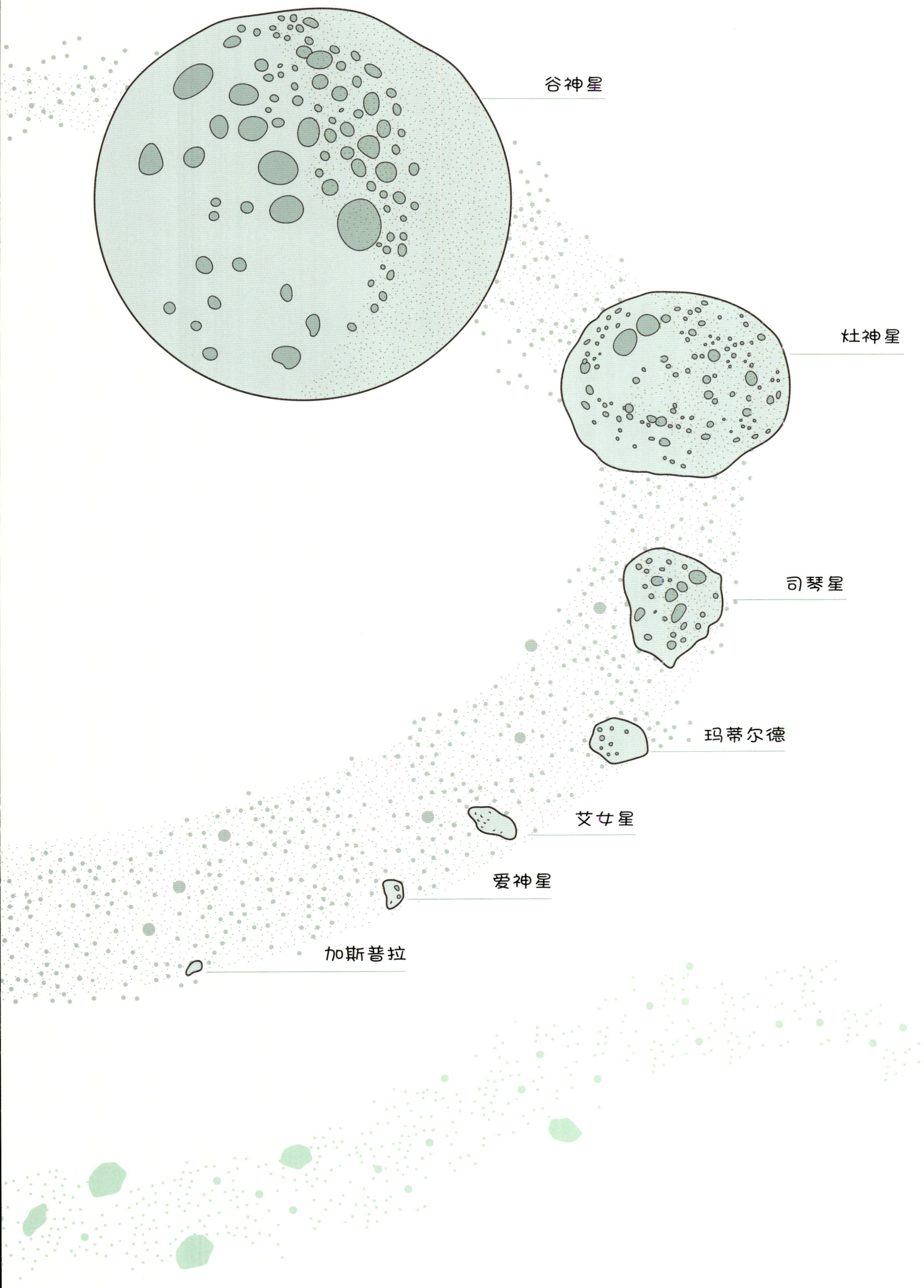
谷神星
灶神星
司琴星
玛蒂尔德
艾女星
爱神星
加斯普拉

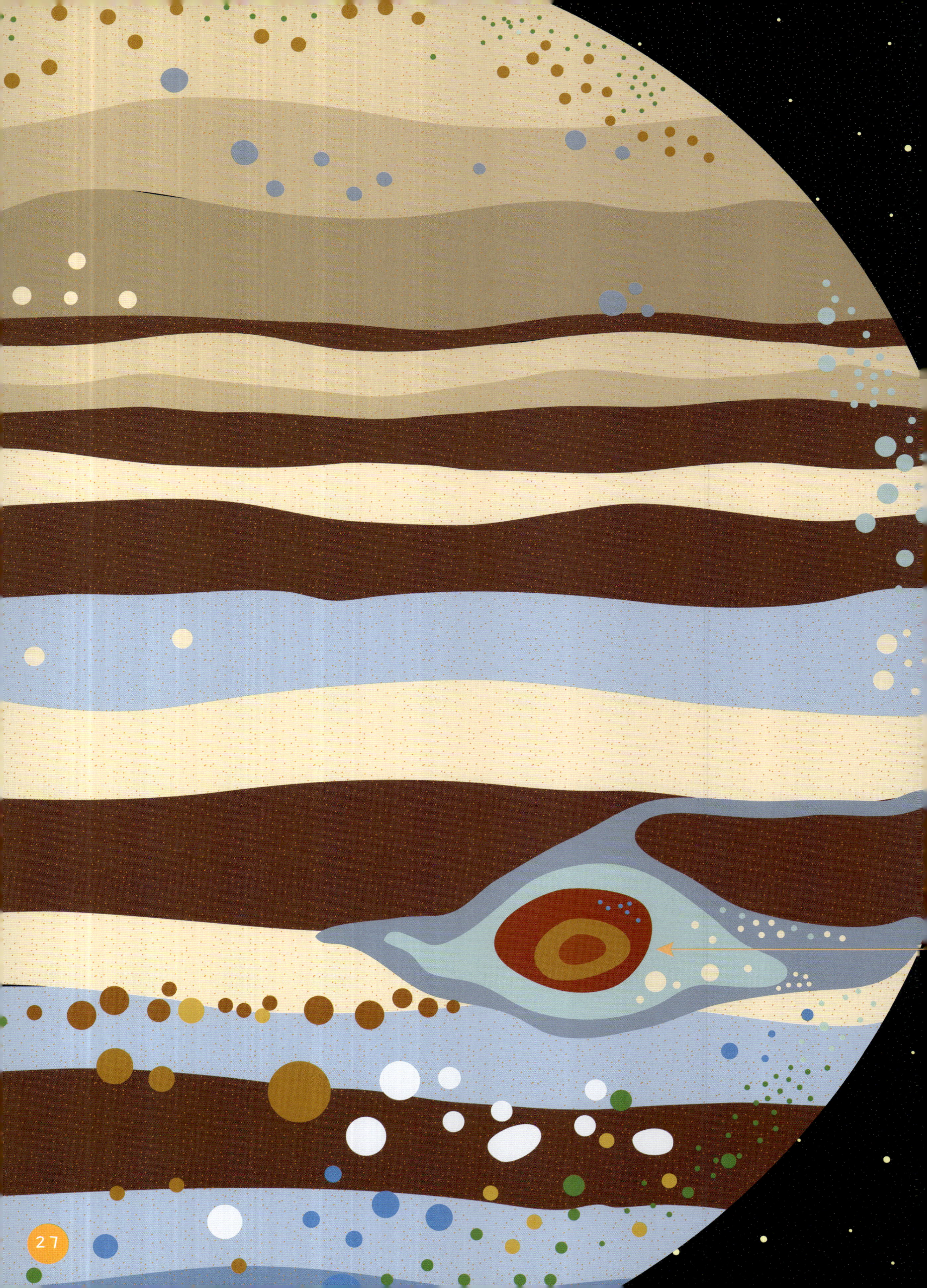

木星

木星是太阳系中最大的行星，是小行星带之后的距离太阳第一近的外行星。木星是如此之大，以至于太阳系里所有其他行星都能装在里面。在地球上观测，它是继金星之后夜空中第二亮的行星。

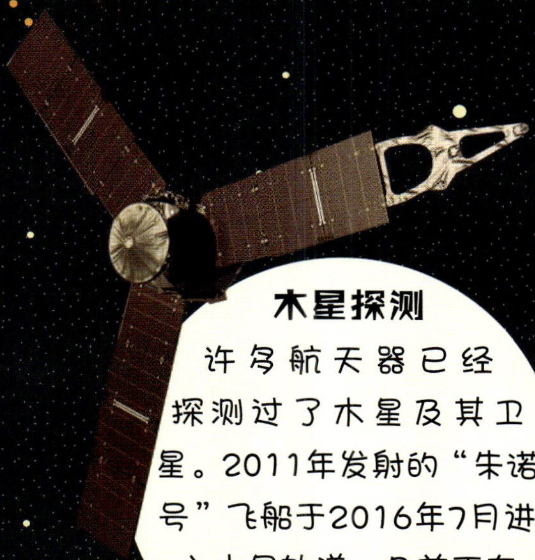

木星探测

许多航天器已经探测过了木星及其卫星。2011年发射的“朱诺号”飞船于2016年7月进入木星轨道，目前正在环绕其运行。

木星的卫星

“伽利略卫星”是木星最大的、最受科学家重视的四颗卫星，由伽利略·伽利雷于1610年发现。

伽利略

木卫三

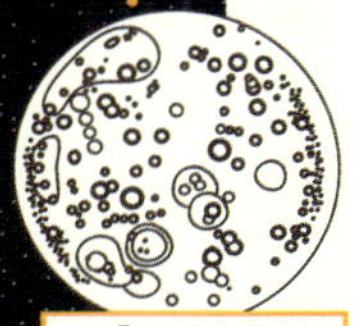

木卫四

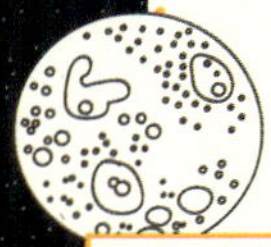

木卫一

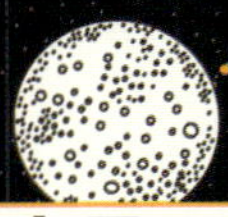

木卫二

大红斑

木星大红斑是一场巨大的风暴，大小与地球相仿，已经持续了数百年之久。

短暂的一天

木星的自转速度比其他行星都要快。地球自转一周需要24个小时，木星则只需要10个小时。

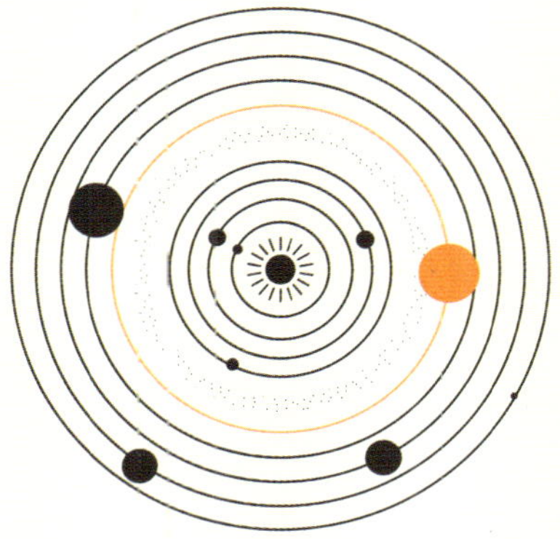

名称来源：

由于庞大的体积，木星（Jupiter）是以古罗马神话中的众神之王——朱庇特的名字而命名的。

直径：

139 709千米

地球直径的11倍

温度：

平均温度为-145℃

大气主要成分：

氢、氦

行星类型：

气态巨行星

卫星：

木星已确认的卫星有53颗，另有14颗尚未确认，共67颗。

光环：

木星有3道暗淡、狭窄的光环，很难用眼睛看到。

木星的卫星

木星是太阳系里最有意思的行星之一。这颗气态巨行星足以令人凝神屏息：它有比地球还要大的飓风风暴，还有强大到难以探测的磁层。

木星有53颗已命名的卫星，另有14颗已经发现，但并未正式分类，也没有命名。这就意味着，木星总共有67颗卫星，其中科学家特别关心最早发现的四颗地外卫星：伽利略卫星。

木卫二

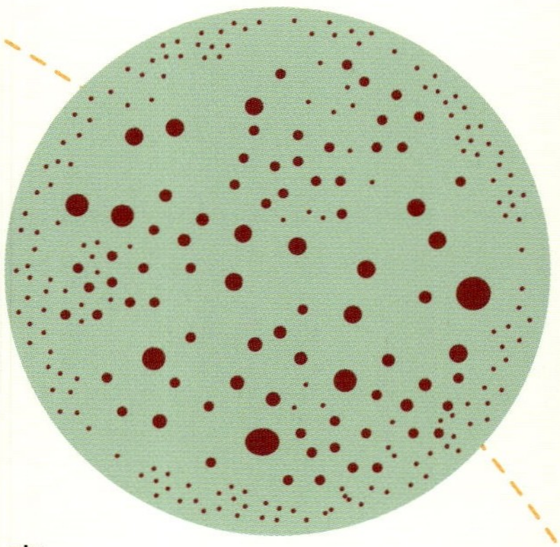

火山世界

木卫一

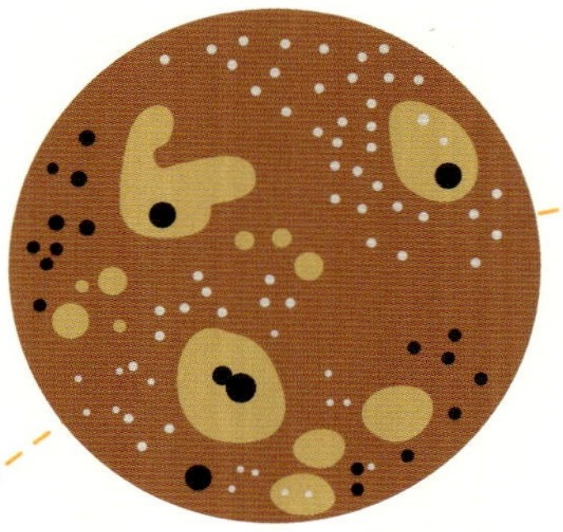

木卫一是太阳系内火山活动最活跃的天体。由于木卫一的运行轨道略呈椭圆形，所以木星的引力甚至能够在它的固体表面上引发“潮汐”，最高可达100米，不仅为火山活动提供了充足的热量，也蒸发了所有的水分。

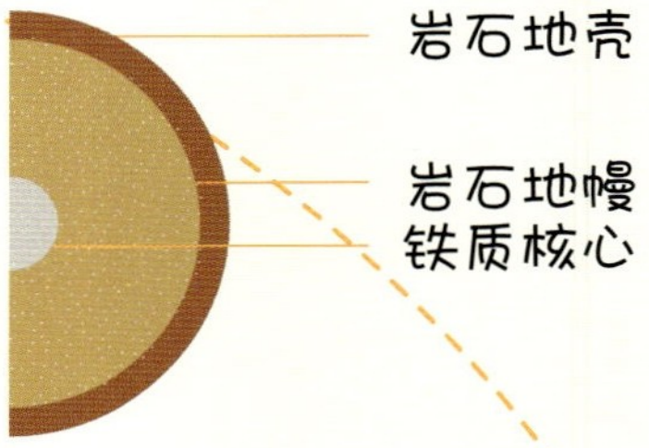

在木卫二、木卫三和木卫四的表面冰层下可能都存在广大的液态水海洋。因此，在整个太阳系中，冰封的木星卫星可能是寻找生命的最佳地点。

木卫四

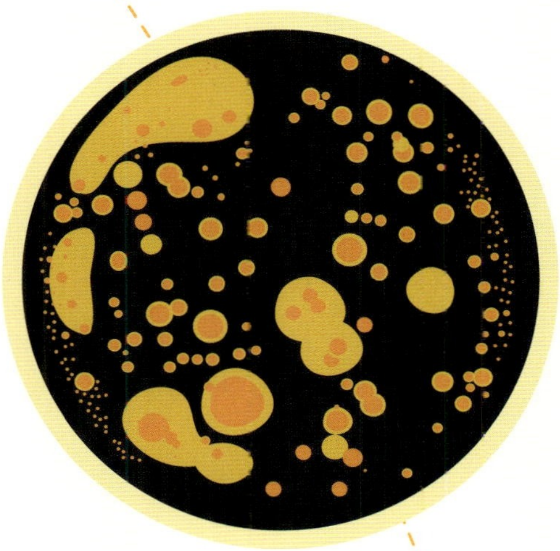

外层卫星

木卫四表层极其古老，遍布撞击坑，生动地记录了太阳系早期的历史。与其他木星的卫星相比，我们对木卫四的结构了解不是很清楚，似乎主要是由冰与岩石构成的。

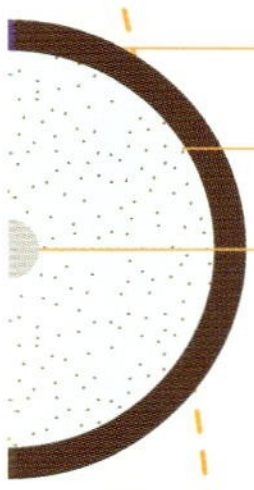

生命的可能

木卫二表面几乎全部由水冰组成，其下可能是一片液态水的海洋。科学家认为，这颗卫星上的水量是地球上水量的两倍。由于丰富的液态水储量，天文学家们对它很感兴趣，因为那里可能存在着其他形态的生命。

木卫三

最大的卫星

木卫三是太阳系内最大的卫星，比行星水星还要大，也是唯一已知拥有内生磁场的卫星。

土卫六

土卫六是土星最大的卫星，略大于行星水星。它是少数已知拥有浓厚大气层的卫星之一，可能与远古时代的地球大气层很相似。

狂风肆虐

土星是一颗多风的星球，赤道附近的风速可达每小时1 800千米。与之相比，地球上最强的风时速也不过每小时约400千米。

土星

太空探索

“卡西尼号”探测器正环绕着土星及其众多卫星飞行，是探测土星系的重要一环。它发射升空于1997年，2004年进入土星轨道，目前仍在运行中。

土星拥有7道光环，每一道又可细分成数以千计的大大小小的美丽光环（包括细环），在行星中可谓独树一帜。四颗气态巨行星都有由冰块、岩石组成的光环，但唯有土星光环最壮丽精妙。与其他气态巨行星一样，土星是一个庞大的气体球，主要成分是氢和氦。

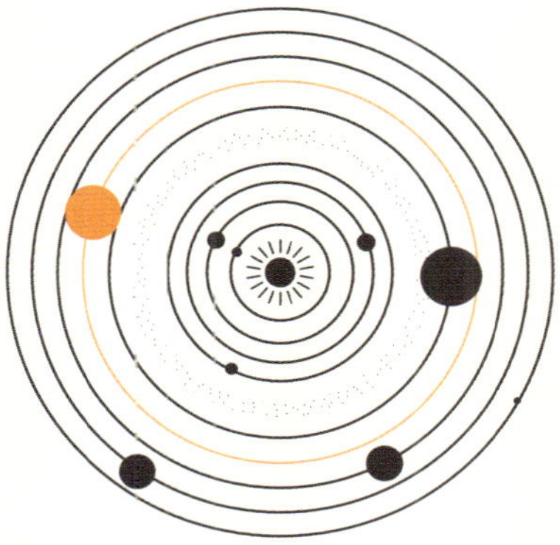

土星光环

即使用一台小望远镜，我们也能从地球上看到土星壮丽的光环。这些光环并不是实心的，而是由颗粒状的冰块、尘埃、岩石组成，有的小如沙砾，有的则比摩天大厦还要大得多。

名称来源：

土星（Saturn）是以古罗马神话中的财富与农业之神的名字萨图恩而命名的。

直径：

120 540千米
地球直径的9.5倍

温度：

土星大气层上层的平均温度为-175℃

大气主要成分：

氢、氦

行星类型：

气态巨行星

卫星：

土星拥有53颗已确认的卫星，另有9颗尚未确认。

光环：

土星拥有7道光环。

卫星

大多数环绕其他行星的卫星都是以古罗马神话里人物名而命名的，但天王星的卫星并非如此，它们都是以威廉·莎士比亚和亚历山大·蒲柏作品中的人物名而命名的。

冰封行星

天王星是外太阳系的两颗冰巨星之一，核心为岩石，体积很小。行星的大部分主要是由一种浓稠的冰样液体组成，其成分是水、甲烷和氨。

天王星

　　天王星寒冷多风，是距离太阳第七近的行星，也是太阳系内直径第三长的行星。它由天文学家威廉·赫歇尔于1781年发现，起初曾被误认为是彗星或恒星。

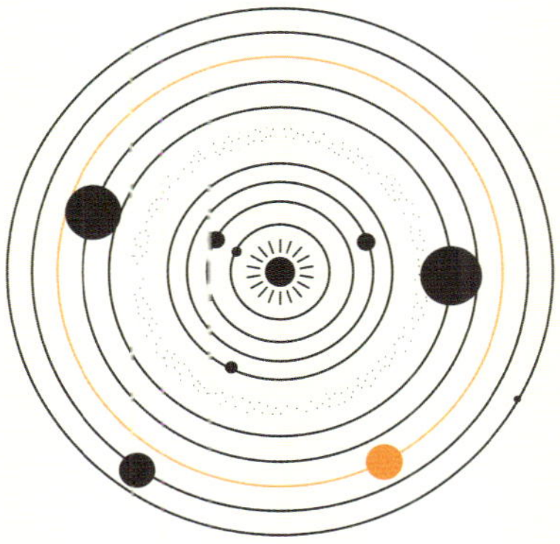

名称来源：

天王星（Uranus）是以古希腊神话中的天空之神的名字乌拉诺斯而命名的。

直径：

51 118千米
地球直径的四倍

温度：

表层-224℃
核心4 982℃

大气主要成分：

氢、氦、甲烷

行星类型：

冰巨星

卫星：

天王星有27颗小卫星，另有9颗尚未确定。

光环：

天王星有13道暗淡的光环。

探测

只有一艘飞船到访过遥远的天王星，那就是NASA的“旅行者2号”。在经历了九年的飞行后，它仅用6个小时就收集到了这颗神秘行星的重大信息。

独特的自转

与金星一样，天王星的自转方向也是从东向西。另外，它的自转轴是偏斜的，也就是说，它在自转时几乎是横躺着的，这在行星中是独一无二的。

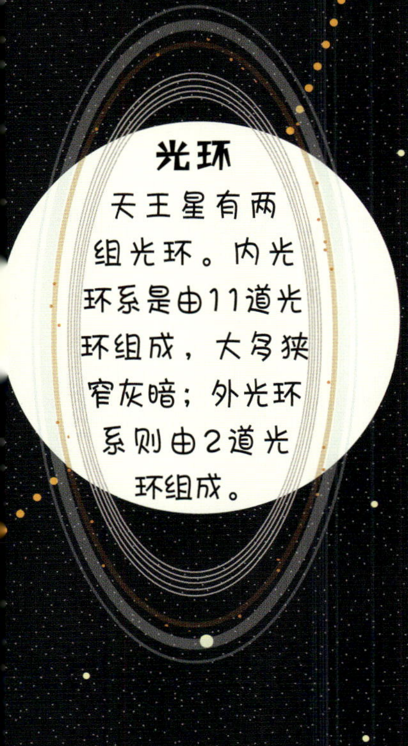

光环

天王星有两组光环。内光环系是由11道光环组成，大多狭窄灰暗；外光环系则由2道光环组成。

不一样的蓝星

与天王星一样，海王星的蓝色也来自于大气层中的甲烷。但是与天王星相比，海王星的蓝色更纯更亮，因此其中必然存在着某种未知的成分。

海王星

海王星是太阳系中最后一颗由氢、氦组成的气态巨星。它阴暗寒冷，狂风的速度比声音还要快。它与太阳的距离是地球与太阳距离的30多倍，环绕太阳一周需要将近地球时间的165年。2011年，海王星终于完成了始自1846年的公转周期。

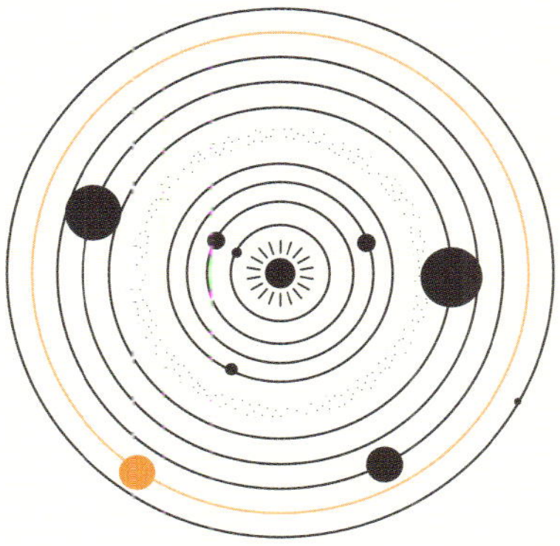

发现

根据天文学家勒维耶的预测，约翰·伽勒于1846年发现了海王星。伽勒当时希望将它命名为“勒维耶”，但当时的天文学界并不认可这种做法。最终，该行星的名字定为海神“尼普顿”。

勒维耶

奇怪的光环

海王星目前已知有6道光环，但它们并非紧密相连，而是由一簇簇尘埃（“弧”）组成的。这些光环被认为形成时间和寿命都不太长。

海卫一

海卫一是海王星最大的卫星，也是太阳系内最寒冷的天体，以至于大部分氮气都凝结成了霜状。它闪亮的表面将70%的阳光都反射走了。

名称来源：

海王星（Neptune）是以古罗马神话中的海神的名字尼普顿而命名的。

直径：

49 532千米

温度：

-214℃

大气主要成分：

氢、氦、甲烷

行星类型：

冰巨星

卫星：

海王星拥有14颗已知卫星。

光环：

海王星拥有6道已知光环。

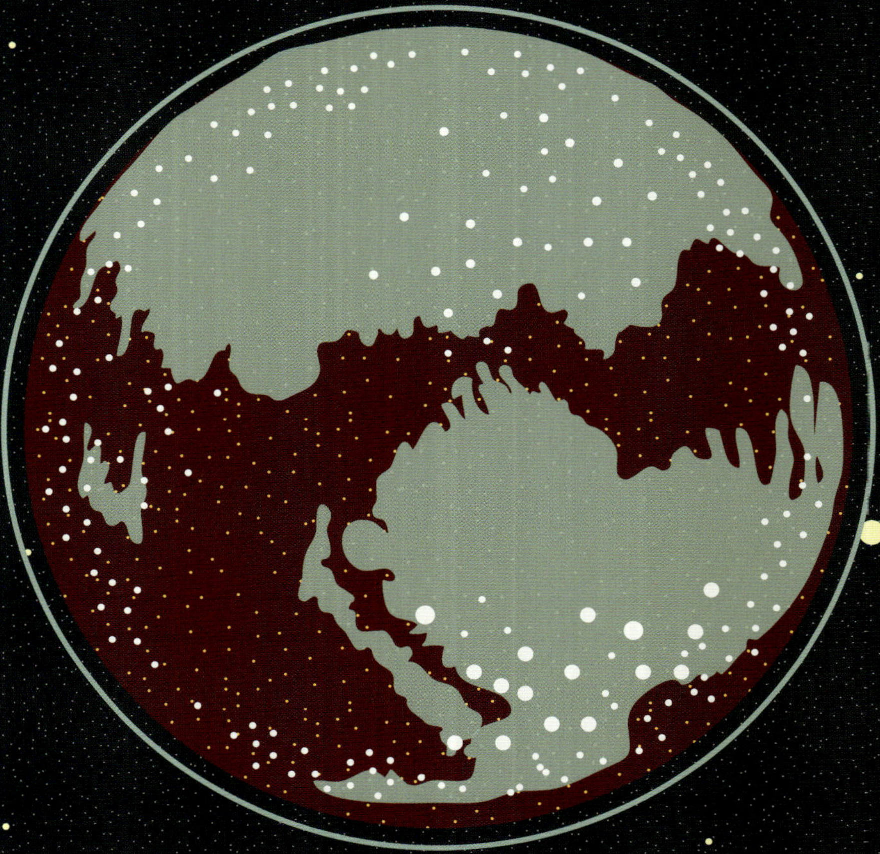

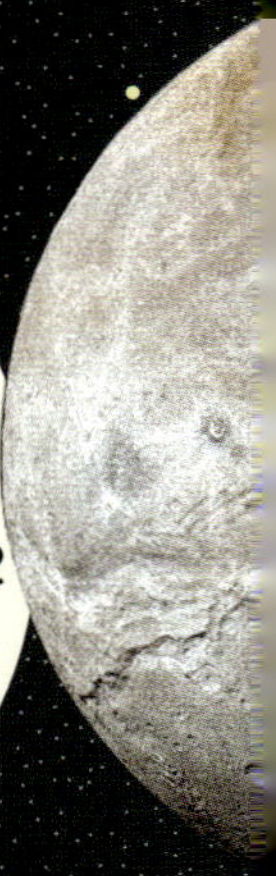

冥卫一

冥卫一发现于1978年。它的体积很大，接近冥王星的一半，以至于这2颗星球有时被称为“双矮行星系统”。

其他卫星

冥王星还有4颗卫星，都比冥卫一小得多，分别是发现于2005年的冥卫二、冥卫三，发现于2011年的冥卫四和发现于2012年的冥卫五。

探测

NASA的“新视野号”是第一艘带执行探测任务前往柯伊伯带的飞船，大部分矮行星都位于那里。从地球出发9年后，该探测器于2015年7月飞越冥王星。

冥王星

1930年，美国天文学家克莱德·汤博发现了冥王星。它是一颗矮行星，围绕柯伊伯带（也叫“外海王星天体”）运行。柯伊伯带是一片圆盘状区域，位于海王星轨道以外。

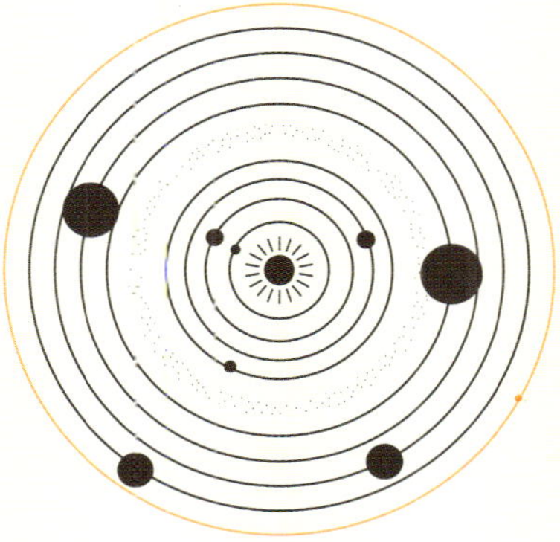

分类变更

2006年以前，冥王星曾被认为是太阳系九大行星之一。在发现了一些与冥王星类似的天体之后，科学家们决定修订行星的定义。由于体积较小，重力场也较弱，所以冥王星被重新划分为“矮行星”。

小小冥王星

冥王星的直径约为月球的三分之二，推测其核心为岩质，核心之外是水冰构成的地幔。冥王星的重力很弱，只有地球的6%左右。

名称来源：

冥王星（Pluto）是以古罗马神话中的冥府之神的名字普鲁托而命名的。

直径：

2 374千米
约为月球直径的三分之二

温度：

表面-235℃

大气主要成分：

氮、甲烷和一氧化碳

行星类型：

矮行星

卫星：

冥王星有5颗卫星。

光环：

冥王星没有光环。

卫星与光环

已命名卫星　　未命名卫星　　光环

水星

金星

木星

67颗卫星，3道光环

天王星

36颗卫星，13道光环

地球

1颗卫星

火星

2颗卫星

土星

62颗卫星，7道光环

海王星

14颗卫星，6道光环

冥王星

5颗卫星

去那里要多久？

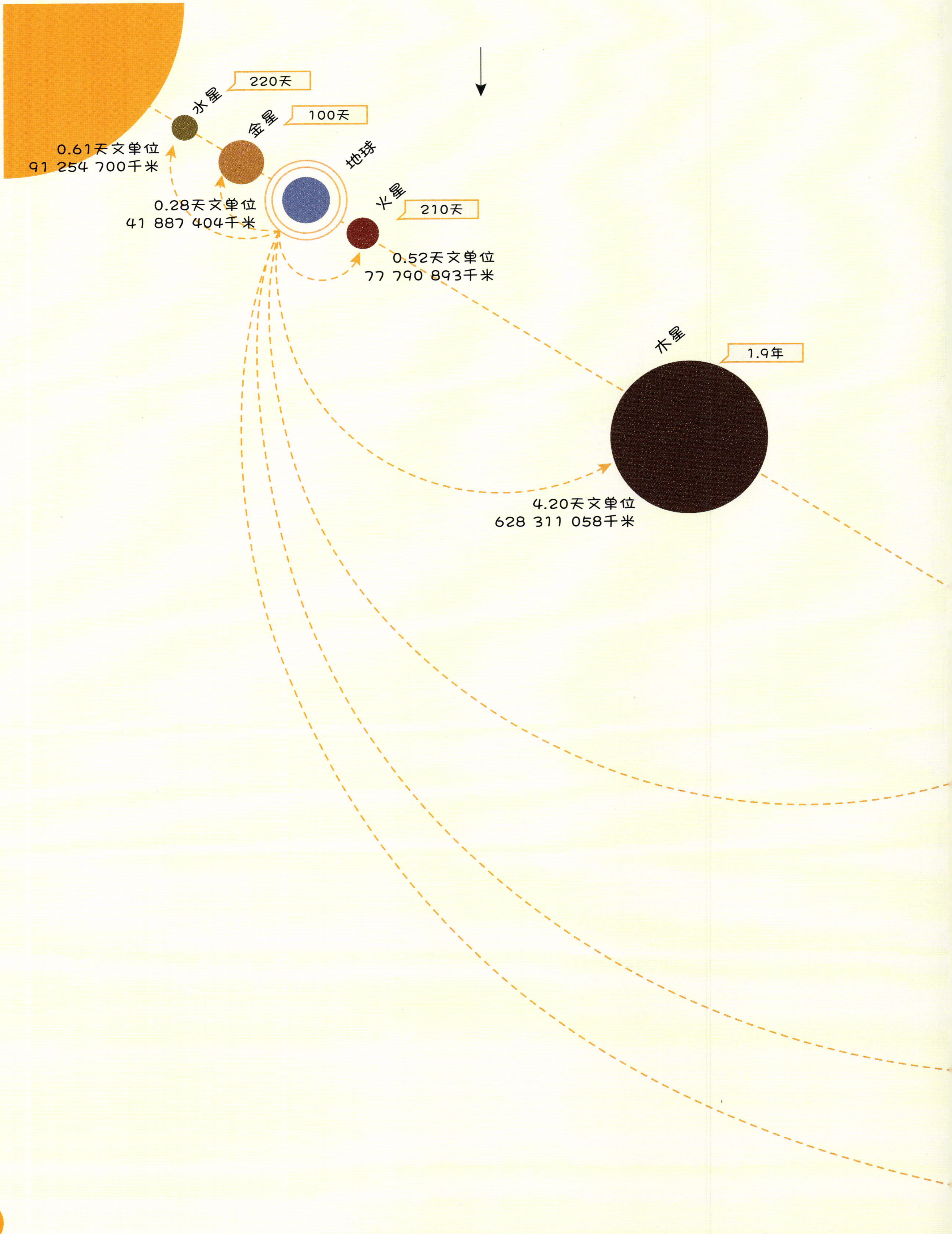

水星
220天
0.61天文单位
91 254 700千米
金星
100天
0.28天文单位
41 887 404千米
地球
火星
210天
0.52天文单位
77 790 893千米
木星
1.9年
4.20天文单位
628 311 058千米

想象有这样一艘太空飞船，它能飞往太阳系里的每一颗行星。那么，它从地球飞到各行星需要多久呢？这取决于很多因素，比如发射速度、飞行轨迹等。其他一些因素也会影响抵达时间，比如它是想从行星上空飞过，还是要进入行星运行轨道？后一种情况所需的时间是前者的两倍，甚至三倍。在本页中，我们假设飞船采用最简单的飞行方案，且距离取地球与各行星之间距离的中间值，时间则以太空飞船从地球前往各行星所需的平均时间。

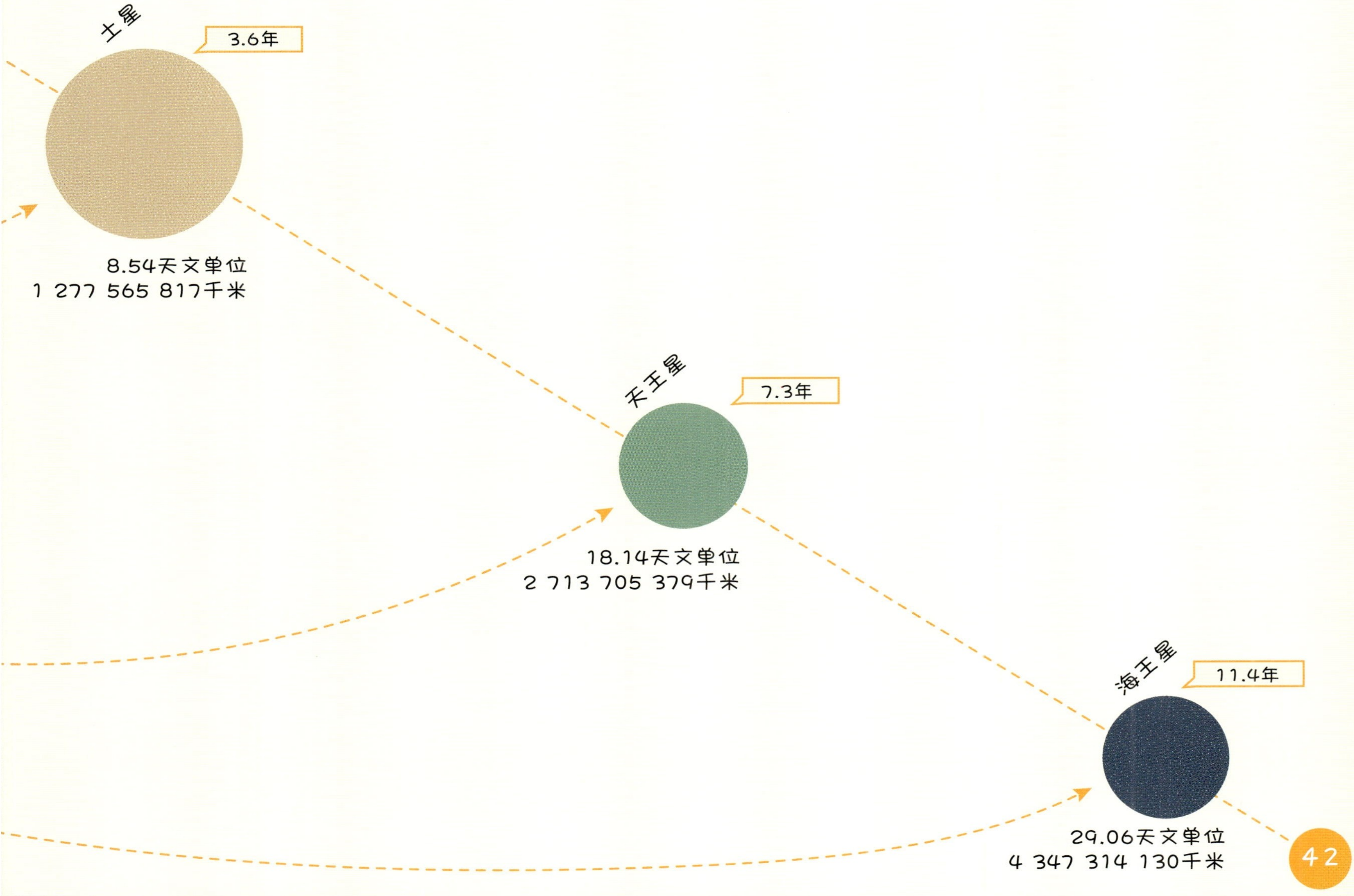

我们的银河系

在我们看来，太阳系已经很大了，但它只是一个庞大星系——银河系的一小部分。银河系是一个旋涡星系，长度约为100 000光年，至少有1 000亿颗恒星，太阳只是其中之一。整体上来看，银河系就像一个纸风车，这些恒星分布在四条主旋臂上，而我们正住在其中一条旋臂三分之二的位置上。

恒星有多少

尽管我们不能一颗一颗去数星系里有多少颗恒星，但可以给出一个估计值，大约为1 000亿颗。

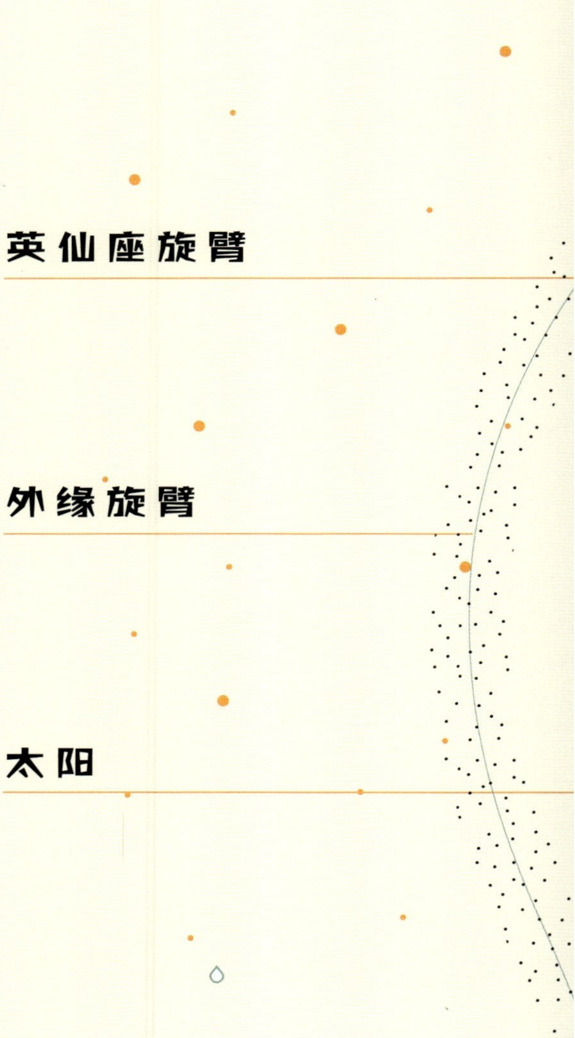

绘制星图

身处地球，我们很难为银河系绘制一张星图。我们的星系中弥漫着尘埃云，阻挡着我们的视线。时至今日，天文学家们已经准确地描绘出了银河系的螺旋结构，但是，正如当年为新领地绘制地图的探险家一样，天文学家们仍在耐心地填补空白地带。

神话中的银河系

在古希腊神话中，天后赫拉拒绝给赫拉克勒斯喂奶，洒出来的奶就成了银河系。从地球上望去，它就仿佛是黑暗背景中的一条乳白色亮带。

恒星的摇篮

银河系的旋臂中充盈着恒星的原材料，也就是气体与尘埃。大部分恒星都诞生于此。

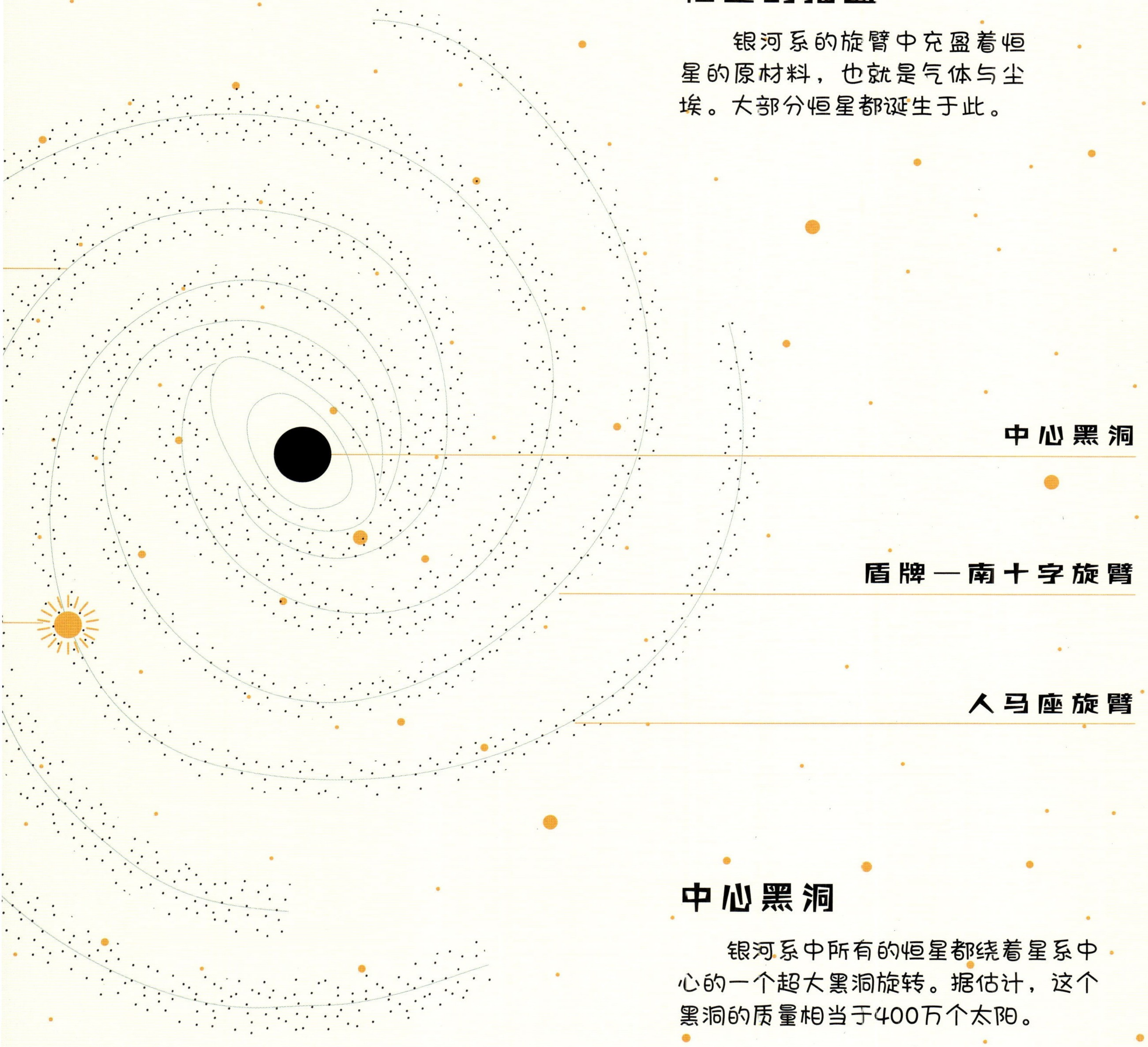

中心黑洞

银河系中所有的恒星都绕着星系中心的一个超大黑洞旋转。据估计，这个黑洞的质量相当于400万个太阳。

太空简介

虽然我们的星系包含的恒星数量已经极其惊人，但与宇宙比起来，它也不过是沧海一粟。银河系属于本星系群，本星系群大约有超过54个星系，在万有引力的作用下聚成一团。

除了我们自己的星系，本星系群中最大的星系是仙女座星系。大约40亿年后，它会与银河系发生碰撞。

星系有几种形状?

经科学家计算，可观测宇宙中至少有1 000亿个星系，每一个都包含着许多恒星。星系的大小与形状各不相同。

旋涡星系

旋涡星系呈扁平状，中心有一个圆形的核，绕着螺旋形的臂旋转。旋臂中充斥着星际尘埃与气体。

椭圆星系

椭圆星系是最常见的一类星系，结构简单，主要由老年恒星构成，新生恒星很少。

椭球星系

椭球星系很暗淡，看上去有点像矮椭圆星系，但形状上基本是椭球体。

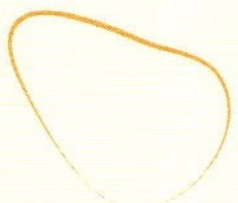

不规则星系

不规则星系很可能来源于星系碰撞，组成成分复杂，有星际气体与尘埃，有年轻的恒星，也有老年恒星。

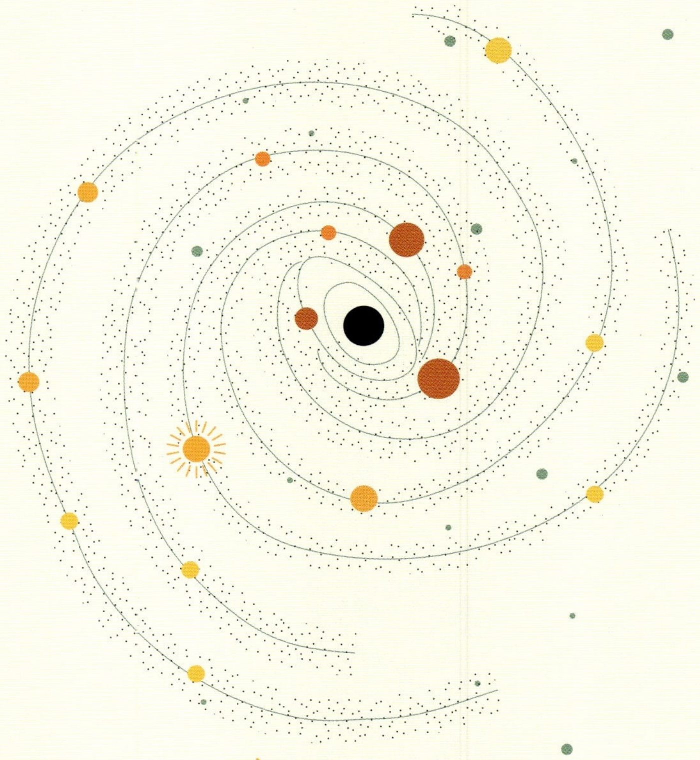

银河系

我们所在的星系，是本星系群中的第二大星系。

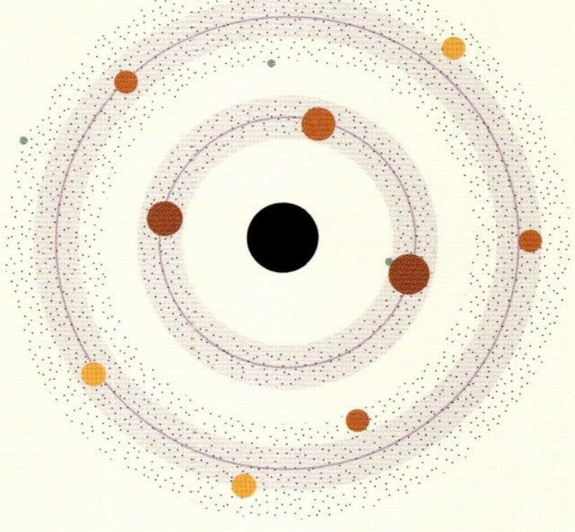

天龙座矮星系

天龙座矮星系是一个椭球星系，也是银河系的一个伴星系。

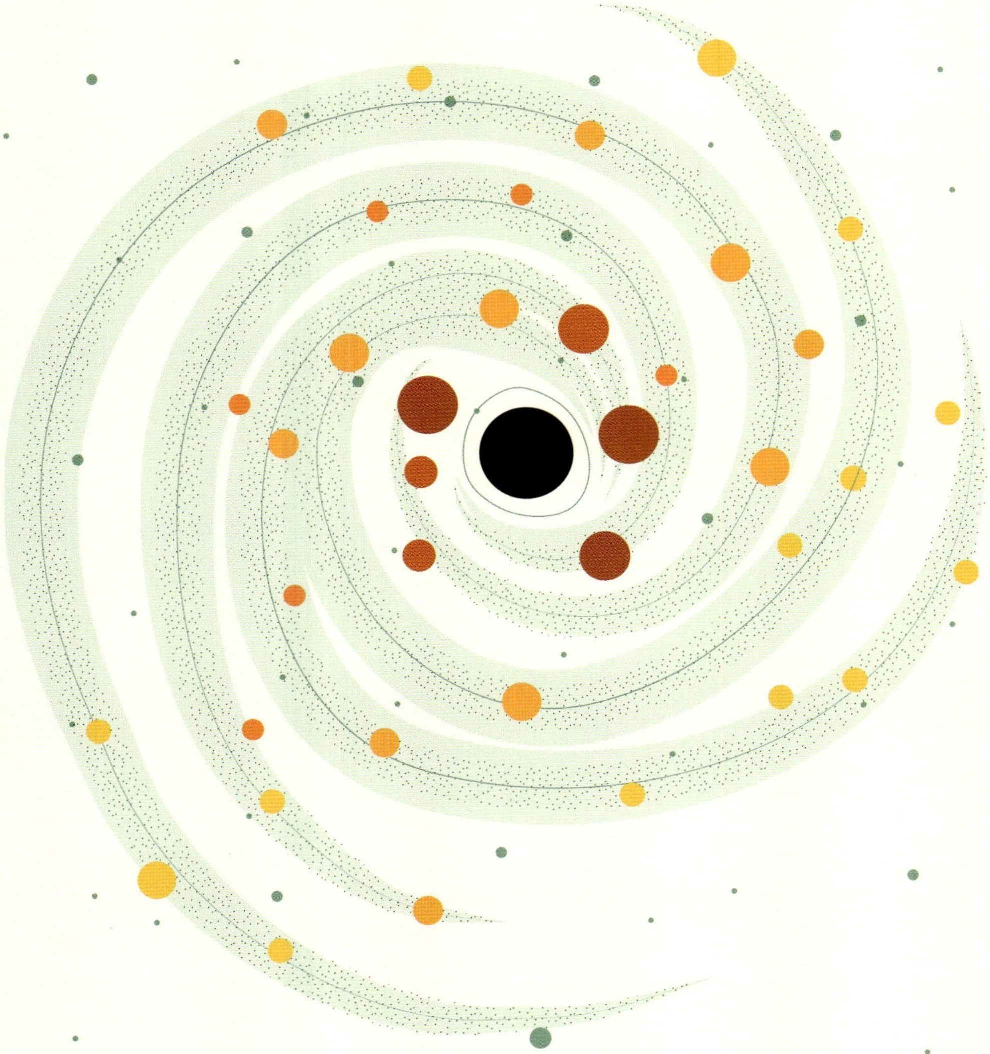

仙女座星系

仙女座星系是一个旋涡星系，也是离银河系最近的大星系。它位于仙女座所在的区域，由此得名。该星系至少有10 000亿颗恒星，是银河系的十倍。它是本星系群中最大的星系。

梅西耶32

梅西耶32是一个矮椭圆星系，是仙女座星系的伴星系。

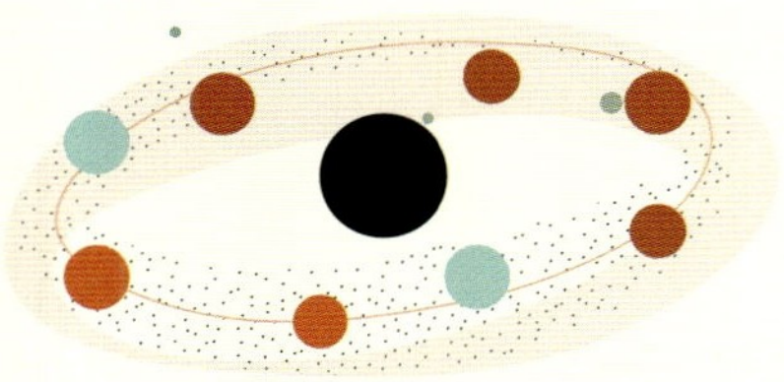

三角星系

三角星系是一个旋涡星系，位于三角座所在的区域。它是本星系群中的第三大星系。

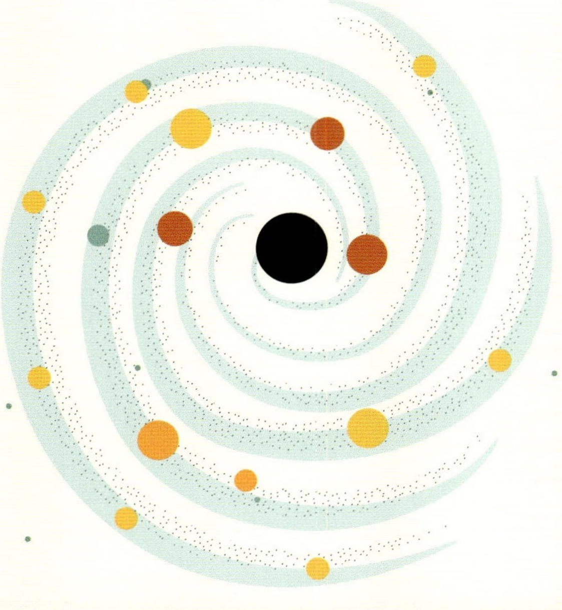

其他恒星

恒星由氢和氦组成，形状是球体，质量极大，足以在核心处引发持续的核聚变。与地球相比，太阳算得上很大了，但与宇宙中的其他恒星相比，太阳就渺小得多了。恒星的大小、颜色、种类很多，红色的恒星比白色的恒星温度低，而白色的恒星又比蓝色的恒星温度低。

红巨星

步入老年的恒星会变成红巨星，其体积可能膨胀到生命初期的百倍以上。红巨星阶段会持续几亿年的时间，之后氢元素耗尽，成为白矮星。

白矮星

当恒星核心的氢燃料耗尽时，它就成为了白矮星。白矮星仍然会发光，但已经不再发生核聚变反应了。

我们的太阳是一颗矮星，年龄大约为46亿年。

超巨星

宇宙中最大的恒星叫作超巨星，质量为太阳的几十倍，寿命很短。

参宿四

心宿二

引力

我们之所以无法用肉眼观测到黑洞，是因为它们的引力很强，将全部光线吸进了它们的中心。然而，科学家们可以通过黑洞的引力对周边恒星、气体的影响来研究它们。

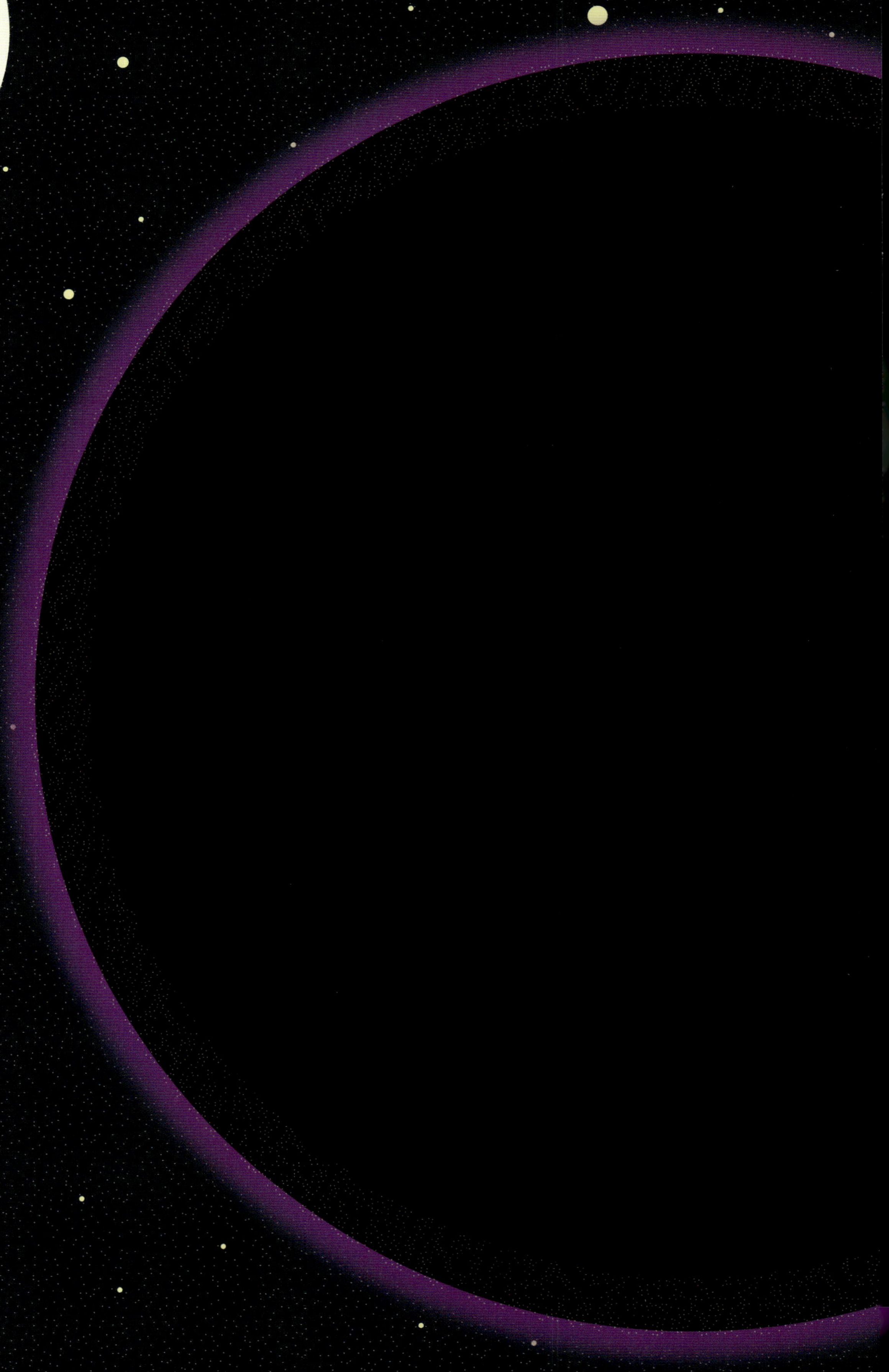

星系中心

科学家认为，每一个大星系的中心都有一个超大黑洞。银河系中心的超大黑洞被称为“人马座A”，质量相当于400万个太阳。

超新星

当一颗质量极大的恒星向内收缩塌陷时，黑洞就形成了。这种塌陷还可能产生另一种现象——超新星，此时恒星会猛烈爆炸，将自身的一部分抛入太空。

黑洞

黑洞是一种引力极大的天体，甚至光线也无法逃脱。它之所以有这么强的引力，是因为大量物质被挤压到了很小的一个区域里。恒星走向死亡时就可能发生这样的情况。

由于黑洞引力大光线无法逃脱，所以我们看不见黑洞，它们是隐形的。通过一种特殊的天文望远镜，我们能发现距离黑洞很近的恒星与其他恒星不一样的地方，从而帮助我们发现黑洞。

黑洞分类

黑洞的大小差别很大，但根据它们的质量和体积，我们还是能将其分为三大类。

微型黑洞：

产生于大爆炸时

恒星型黑洞：

产生于即将死亡的大质量恒星

超大质量黑洞：

很可能产生于多个天体的聚合

流星暴

一些彗星会飞到离地球很近，以至于能用肉眼看到的地方。当地球穿过彗星尾部时，我们就会看到流星暴。

漫长的公转

和行星一样，彗星也环绕着太阳运行，但公转周期可能会长达几百年，甚至上百万年。

彗星来自何方

大部分彗星来自冥王星周围的柯伊伯带，那里温度很低，星际尘埃丰富。

彗星

彗星是太空中的“雪球”，成分包括凝固的气体、岩石和尘埃。当彗星在轨道上运行到接近太阳时，它就会升温，喷出气体和尘埃，形成一个明亮的、比大多数行星都要大的头部。喷出的尘埃和气体受太阳辐射及太阳风的影响，在背离太阳的方向，形成长达数千万千米的彗尾。

名称来源

彗星（comet）得名自希腊语单词“kometes”，本意是长头发，这里指的是彗星闪亮灿烂的彗尾。

哈雷彗星

哈雷彗星是太阳系内最有名的彗星。它是一颗回归周期不到两百年的短周期彗星。因此几千年来，人类不止一次观测到它。从远古开始，人们就注意到它掠过地球上空的样子了，而且很多文化都将其视为吉兆或者凶兆。人类已经追踪它几百年了，所以能够精确预测它到达地球的时间。

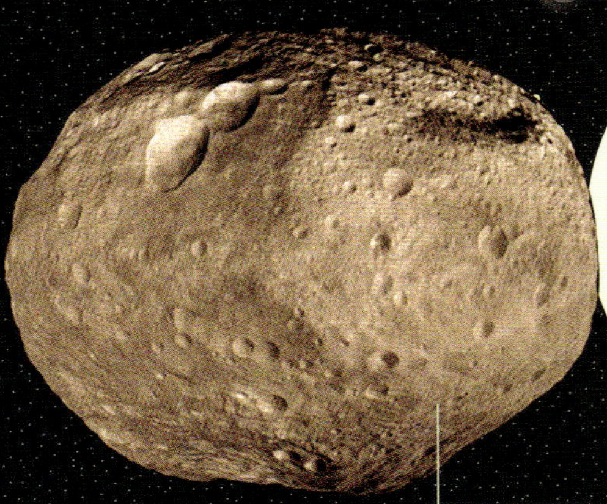

太空里的石头

灶神星是最出名的小行星，直径为529千米。小行星的大小差别很大，有些小行星的长度甚至还不到9米。

小行星的名字

小行星的命名方式有很多，既有真实或虚构的地点（亚特兰蒂斯、乌托邦），也有神祇或名人。那些比较大的小行星，有的叫“斯波克先生”（《星际迷航》中的角色），有的叫“史提夫·旺达”（歌手）和“玛丽莲·梦露”（女演员），还有的叫“柏拉图”和“康德”（两人均为哲学家）。

小行星的卫星

目前已知有超过150颗小行星有卫星，有的甚至有2颗卫星。

小行星

小行星是太阳系早期形成时留下的岩质残余。大多数围绕太阳运行的小行星都位于火星和木星之间的小行星带内。

跌跌撞撞

大多数小行星的形状都不规则，而且表面往往坑坑洼洼。当小行星沿着椭圆形轨道绕太阳旋转时，它们会翻滚摇摆，有时甚至跟醉汉有几分相像。

太空探索

太空飞船曾多次飞过小行星，并对其进行观测。1991年，“伽利略号”飞越小行星加斯普拉，1993年又飞越了艾女星。“罗塞塔号”分别于2008年和2010年经过了小行星斯坦因和司琴星。

小行星分类

除了小行星带内的小行星外，天文学家们还根据行为和起源对其他小行星进行了分类。

特洛伊小行星

特洛伊小行星运行于大行星的轨道上，但并不与其相撞。大部分的特洛伊小行星都在木星周围。

近地小行星

近地小行星的轨道与地球轨道相交。其中轨道穿越过地球轨道的近地小行星被称为“越地小行星”。

生物大灭绝

在过去，地球曾经历过许多次大型陨石撞击，造成了大范围的破坏。6 500万年前，一颗长达306千米的陨石撞击在尤卡坦半岛，这被认为是造成了恐龙灭绝的原因之一。

太空尘埃

科学家估计，每天落入地球的陨石数量惊人，重达48.5吨。

流星与陨石

流星体就是太空中的小块岩石和残骸。当它们落入行星的大气层时，就成为了流星。在与大气层摩擦的过程中，它们会变得非常灼热，留下明亮的轨迹。没有燃烧殆尽，落到地面的流星就被称为陨石。

流星雨

每年地球上能看到约30次流星雨。流星雨的名字起源于它们的星座。如英仙座流星雨得名自英仙座，“英仙”指的是最伟大的古希腊英雄之一珀尔修斯。英仙座流星雨发生于八月，最早记录于两千年前。

五彩缤纷

有的时候，陨石的轨迹会呈现出红色、黄色或绿色。陨石进入大气层后，燃烧的时候分子会发生电离，从而产生各种颜色。

陨石分类

陨石主要分三大类：铁陨石、石陨石和石铁陨石。大部分落到地球上的都是石陨石。

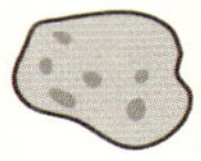

铁陨石：

来自行星的核心

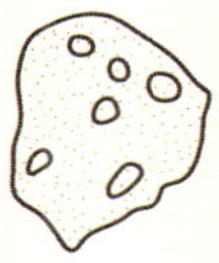

石陨石：

主要成分是硅酸盐

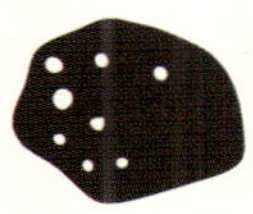

石铁陨石：

成分是陨铁和硅酸盐

太空中的水

太空探测表明，太阳系中含有丰富的水。科学家已经发现，在一些巨行星（木星、土星、天王星和海王星）卫星的表面冰层下隐藏着海洋。地球本身就称得上一颗“水球”。通过地球的经验，我们知道哪里有水，哪里就可能有生命。外太阳系中陌生、冰冷的海洋中是否可能存在着未知形式的生命呢？NASA正计划发起新的太空探索，试图解答这一问题。

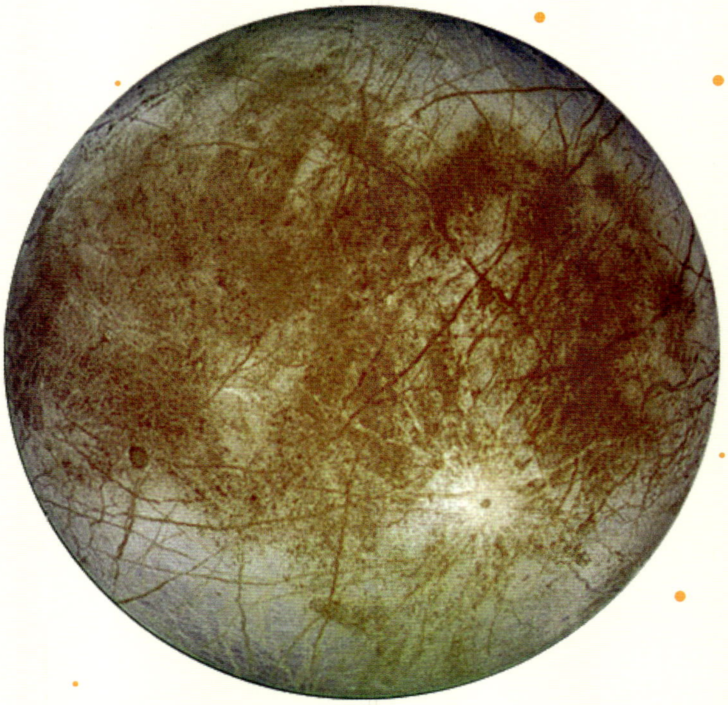

木卫二

它是“伽利略卫星”中最小的一颗。科学家认为，其表面冰层下是一片咸水海洋。

直径：3 121千米

表面温度：-171℃

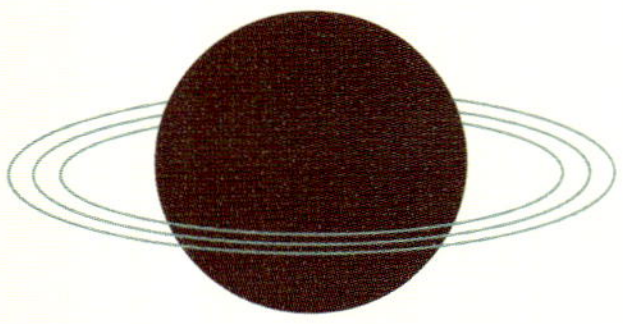

环绕行星：木星

土卫二

在这颗土星卫星深处，存在着一个遍及全球的大洋。大量物质从大洋中喷出，穿过卫星表面，射入苍茫太空。

直径：504千米

表面温度：-198℃

环绕行星：土星

土卫六

它是土星最大的卫星，表面下可能存在着一个咸度极高，与地球上的死海不相上下的海洋。

直径：5 149千米

表面温度：-179℃

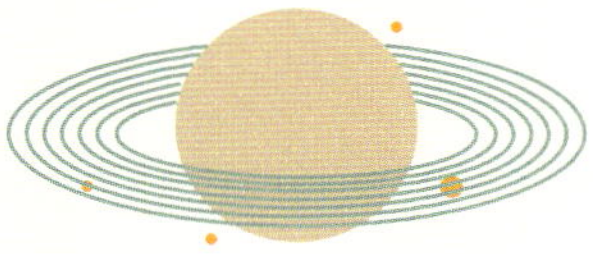

环绕行星：土星

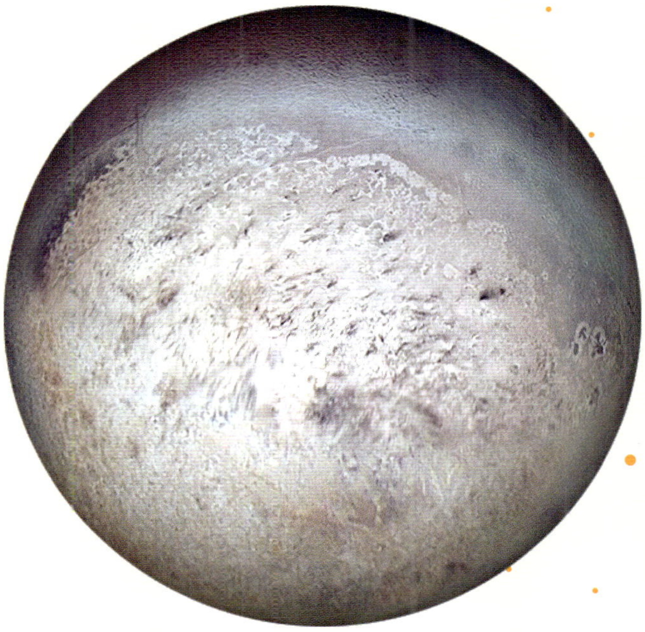

海卫一

它是海王星的卫星中最大的一颗，也是太阳系中最冷的天体之一。

直径：2 707千米

表面温度：-235℃

环绕行星：海王星

国际空间站

国际空间站是一艘非常庞大的宇宙飞船，运行轨道距离地面约330千米。站内驻有执行太空任务的宇航员，还有一个多国联合建造使用的科学实验室。空间站包含许多部分，由宇航员在太空组装完成。1998年，俄罗斯将第一部分发射升空。2000年，第一批长期驻站的宇航员抵达空间站。国际空间站于2017年全部完成，其目的是为人类提供一个长期在太空轨道上进行科学观测和研究的平台。

宇航员之家

空间站内部面积相当于一套五室住宅，配有两个卫生间、一个健身房和一扇观察用的凸窗。驻站宇航员一般为3—6名，最多可达8名。

宇航员会乘坐俄罗斯的“联盟号”宇宙飞船前往国际空间站，单程仅需6个小时。

联盟号

实验室

参与了国际空间站建设的共有16个国家，站内的实验室根据国别分成了多个区域。

美国

欧盟

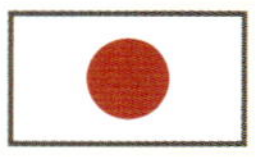
日本

俄罗斯

空间站上的日与夜

国际空间站每90分钟绕地球一周，这就意味着，宇航员每天会看到16次日出和日落。

太阳能电池阵列

收集阳光中的能量，并将其转化为电能。

机械臂

协助建造空间站，能够帮助宇航员在站外活动，并控制科学实验的环境。

圆顶

这个观测平台有七扇窗户，宇航员可以饱览外太空和位于下方的地球的景色。

对接口

对接口是一种门，以便新到达的宇宙飞船能与空间站顺利对接。

宇宙飞船上的生活

宇航员在太空中会失重，也就是说，他们可以在空中飘浮，而丝毫感受不到自己的体重。这种感觉就好比潜入水底：头发在空中直立，“上”“下”不分。要想在宇宙飞船内移动，宇航员只好借助其他物体，推着自己前进，缓缓地从一个地方“飞”到另一个地方。

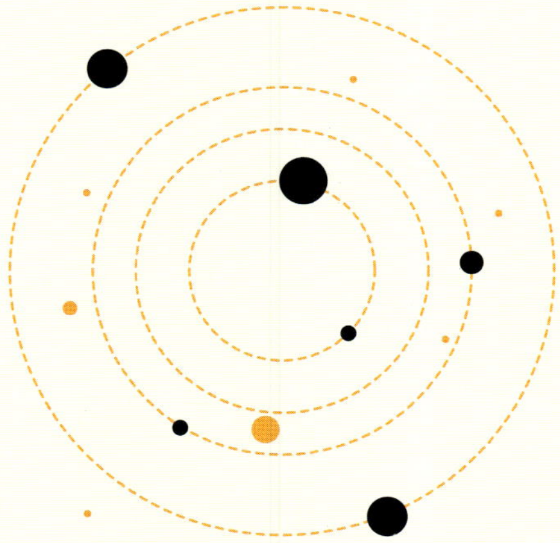

晨间洗漱

跟地球上的人们一样，在太空中生活工作的宇航员们也要保持卫生，但是他们必须遵守一些特殊的规矩。宇航员洗头用的是一种免冲洗洗发露，洗澡也有特定的流程。刷完牙后，他们一般会把牙膏吞下去，或者吐到纸上。

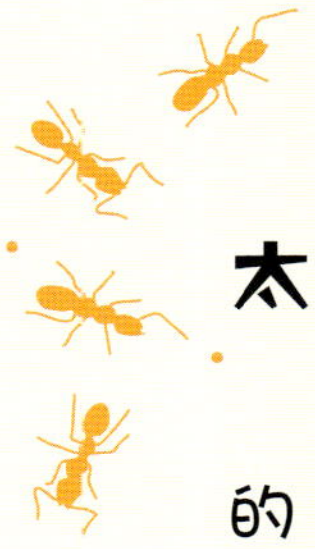

太空实验

太空中可以进行各种不同的实验：种植蔬菜、观察蚁群、在无重力环境下测试3D打印等等。此外还有医学实验，主要是研究长期执行太空任务对人体的影响。

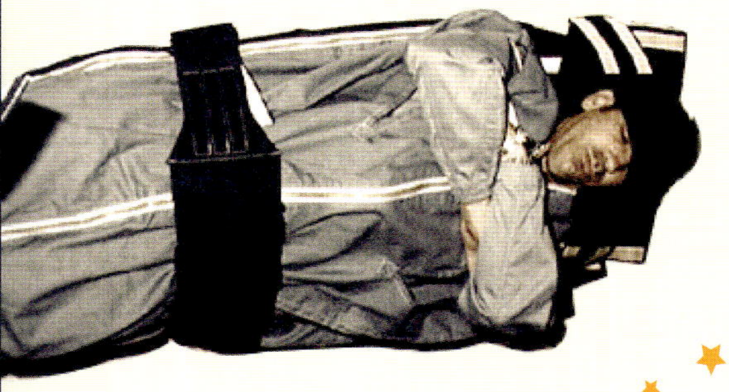

太空美梦

由于空间站内重力很弱，宇航员们处于失重状态，睡觉的朝向也是千姿百态。他们必须把自己固定住，以免到处乱飘，撞到什么东西上。在空间站里，宇航员们一般在自己的小隔间里，钻进睡袋中休息。

娱乐休闲

宇航员也需要放松。一种很受欢迎的消磨时间方式，就是随着空间站绕着地球转动。从圆顶观测平台向外望去，这里的日出和日落是非常壮观的，每隔45分钟就会在地球的大气层上方上演一次。

站内宇航员随时都可以看电影、玩乐器、看书、打牌或者与地球上的亲人通话。

如何喝水?

在太空中，水溅出后不会往下流，而是会结合成水珠，然后宇航员就可以喝下去了。刷牙时，宇航员会在牙刷上蘸上一颗这样的小水珠。

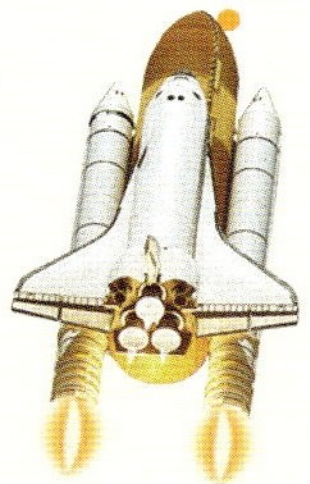

要待多久?

国际空间站任务一般时长约6个月，但也有一些任务要长得多。1994年，俄罗斯宇航员列里·波利亚科夫在一次任务中滞留太空达437天。

宇航员列里·波利亚科夫

太空食品

空间站上有一间厨房，宇航员们可以在里面自己做饭。有些食物可以直接吃，比如曲奇饼干和水果；有些食物则需要加水，比如面条和炒蛋。盐和胡椒都加工成了液态。在太空中，宇航员不能在食物上撒调料，因为这些调料会在空间站内飘得到处都是。

太空锻炼

为了防止骨骼与肌肉萎缩，锻炼是站内宇航员日常的必修课。平均来说，宇航员每天锻炼的时间为两小时。他们使用的健身器材与众不同，都是为太空环境专门设计的。

一次有趣的星际旅行

1977年9月，NASA的“旅行者1号”飞船发射，在飞越了木星和土星之后继续前进，探索星际空间。NASA的“旅行者2号”飞船同样飞越了木星和土星，随后探测了天王星与海王星，是迄今为止唯一抵达过所有外行星的宇宙飞船。

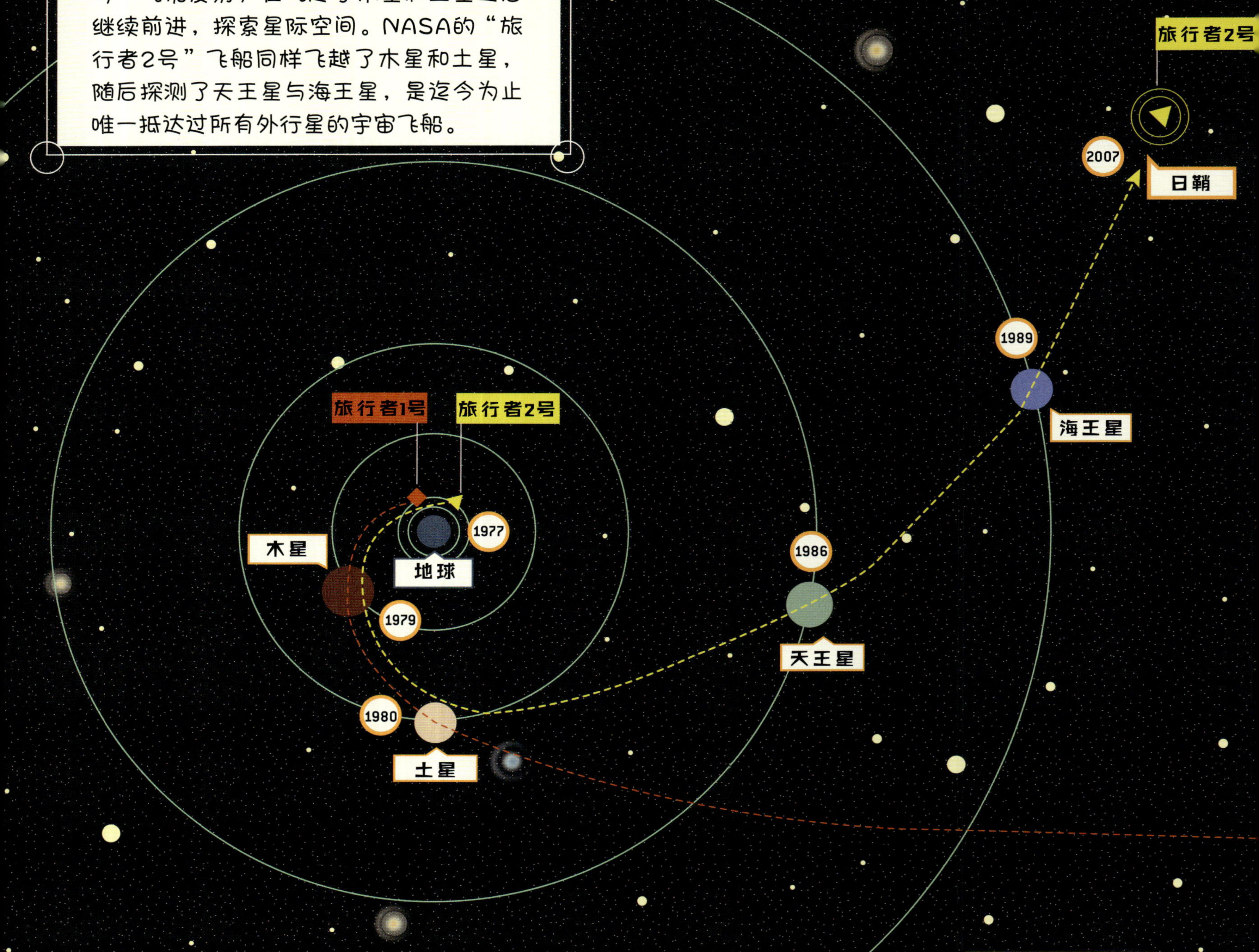

“旅行者”唱片的内容

影像资料（电子版）
美国总统卡特的问候（电子版）
联合国秘书长瓦尔德海姆的问候（录音）
60种语言的问候语
地球上的声音
音乐片段

旅行者号

“旅行者1号”与“旅行者2号”是一对双子飞船，均于1977年升空。飞越木星与土星，探索外太阳系都是旅行者计划的一部分。目前为止，两艘“旅行者”是距离地球最遥远的宇宙飞船，探索之前从未有人造物存在的世界。它们已经飞行了超过40年，依然与深空网络保持通讯，接收日常指令并发回数据。2012年8月，“旅行者1号”进入了星际空间。2018年12月，“旅行者2号”探测器已飞离太阳风层，成为第二个进入星际空间的探测器。

星际空间

根据科学定义，星际空间的起点就是周围不再受太阳磁场影响的地方，它叫作“太阳风层顶”，标志着由太阳创造的领域至此终结，在它之外便是恒星之间的空旷太空。

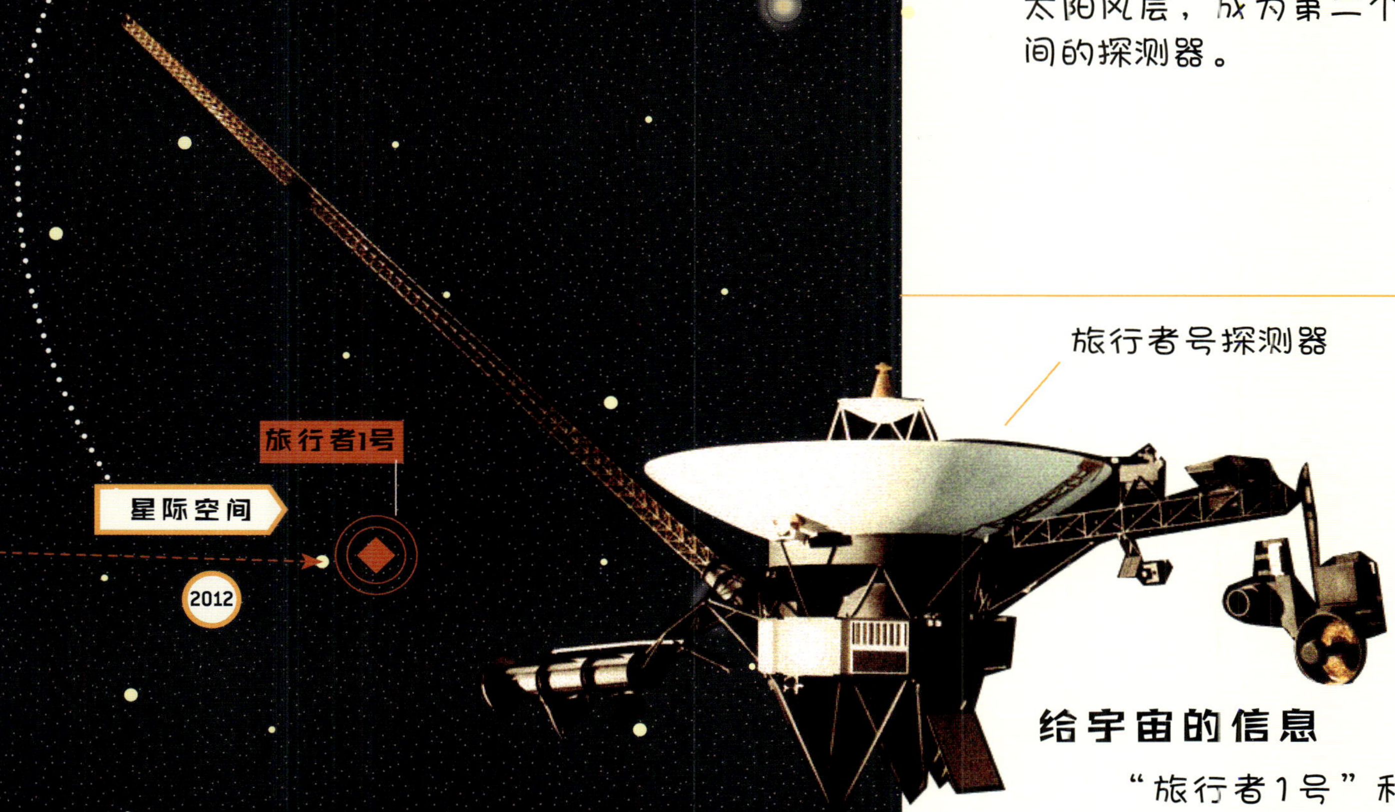

给宇宙的信息

“旅行者1号”和“旅行者2号”飞船承载着一份饱含我们远大抱负、远大理想的信息，目的是向未来可能发现的地球以外的生命讲述我们地球人的故事。“旅行者号”的问候语储存在一张镀金铜质的30厘米唱片中，精心选取了地球上的各种声响、音乐和图画，力图展现地球生命与文化的多样性，还包含了时任美国总统詹姆斯·厄尔·卡特向宇宙的问候。

术语表

A

矮行星

一种天体。它们的大小虽然无法独自占据一条绕着太阳旋转的轨道，但足以保持球体的形状。小行星带里的谷神星、柯伊伯带里的冥王星都是矮行星。

D

登月方式

航天运载工具在月球降落，分为软着陆和硬着陆。前者指的是运载工具在喷射器控制下缓缓减速，最后完好地降落在月球表面；后者指的是运载工具直接撞击在月球表面，落地后即损毁。

大气层

围绕着行星的气体层。

G

轨道

在重力作用下，物体在太空中绕着一点运行所形成的曲线路径。比如，月球绕着地球运行，而地球与太阳系内的其他行星一样，沿椭圆形轨道绕着太阳运行。

公转周期

行星（或任何天体）绕太阳（或恒星）运行一整圈所需的时间。地球绕太阳公转一圈需要365天，即一个日历年。

H

彗星

彗星与小行星类似，也是一种小型天体，主要成分是凝固的气体、岩石和尘埃。当彗星沿着轨道接近太阳时，就会向外喷射气体和尘埃，形成最长达上千万千米的长尾。

黑洞

一种引力很大的天体，包括光在内的一切物体都无法从中逃脱。它们一般是在恒星“死亡”后，向内部收缩塌陷，将巨大的质量集中在一片极小的区域后形成的。

恒星

自行发光的天体。恒星的主要成分是氢和氦，质量很大，能量来源是核心内发生的核聚变反应。根据颜色（与温度相关）和大小，恒星可分为多个类别。比方说，我们的太阳是一颗黄矮星，温度比参宿四这样的红超巨星要高，但比天狼星这样的白矮星要低。

K

柯伊伯带

太阳系中的一个圆盘形区域，位

于海王星轨道之外，距离太阳30至55天文单位之间。性质与小行星带类似，但要比它大20倍，含有成分为冰状物质（例如水、氨和甲烷）的小天体，包括彗星、矮行星以及数十万个直径超过97千米的天体。

L

流星体（流星）

太空中小块的岩石碎片。流星体进入行星大气层后，温度会随着与气体摩擦而急剧升高，留下闪亮的轨迹，这就是“流星”；落到地球表面的流星叫作“陨石”。陨石质量差别很大，可能只有几十克，也可能重达几吨。

T

太空生物学（外太空生物学）

生物学的一个分支，目标是搜寻、研究地球以外的生命。

探测器

装有传感器的无人小型宇宙飞船。探测器装载的燃料很少，只够完成任务。

探测车

探测车是一种有轮的运载工具，能够在行星或卫星表面着陆。有的探测车由宇航员驾驶（例如月球车），能够运送人员和仪器；有的则是远程自动操控（例如旅居者号、勇气号、机遇号、好奇号等火星车）。

V

V2火箭

V2是德国工程师韦纳·冯·布劳恩于1942年为德国军方设计的一种无人运载工具，是第一种冲出大气层的人造物，高度为100千米。然而，这种导弹也是一种可怕的武器，能够造成大量人员伤亡。

W

卫星

任何围绕行星运行的天体（月球就是地球的卫星）。出于各种目的，人们已经从地球发射了众多人造卫星，进入地球或其他天体轨道运行。这些卫星的目的包括科学探测（例如气象卫星）、协助通信，乃至探测和发送物体的动向和坐标（例如GPS卫星或军事间谍卫星）。

X

小行星

小型岩石天体，大部分位于火星与木星轨道之间的小行星带内。一般认为，它们的历史可以追溯到太阳系形成之时，当时没有聚合成行星的碎石就成了小行星。

小行星带

小行星带位于火星与木星轨道之间，将内太阳系的岩石行星与外太阳系的气态巨星、冰巨星分隔开来。

它是由数十万块被太阳引力捕获，绕着太阳运行的大小岩石组成的。小行星带内最大的天体是矮行星——谷神星，直径相当于月球的四分之一。

星系

在引力作用下聚合在一起的大量恒星、恒星系、气体和尘埃。星系可以根据大小分类，从只包括几千万颗恒星的矮星系，到包含数十亿颗恒星的巨型星系；也可以根据形状分为旋涡星系、椭圆星系、椭球星系和不规则星系。

行星

行星是围绕恒星运行的球形天体。每颗行星都有自己的轨道，轨道上不存在大小相当或更大的天体。行星主要分为：类地行星（或岩石行星），主要由硅酸盐岩石与金属构成；气态巨星，主要由氢和氦构成；以及冰巨星，由比氢和氦密度更高的物质（例如水、氨、甲烷）组成，天文学家们称这些物质为“冰”。

Y

亚轨道高度

在此高度下，向太空发射的物体或将它发射出去的天体不能环绕地球公转一周。

宇航员

搭载宇宙飞船进入太空的人。

月球

月球是地球唯一的天然卫星，绕地球旋转，距离地球表面384 400千米。月球总是以同一面朝向地球，因此在太空探索时代到来之前，月球背面一直是一个谜团。

Z

自转周期

行星（或任何天体）绕自转轴旋转一整圈所需的时间。地球自转一圈需要24个小时，即一天。

着陆器（着陆运载工具）

一种专为在天体上软着陆设计的宇宙飞船。

茱莉亚·德·阿米克斯，1986年生于米兰，获得设计（理学）硕士学位之后，在多家小型工作室、报刊与环保非政府组织担任信息设计师与插画师。曾在意大利、西班牙、印度和希腊等国工作学习。现居英国布莱顿市。

图书在版编目（C I P）数据

太空 / (意) 茱莉亚·德·阿米克斯绘；姜昊骞译.——南昌：江西美术出版社, 2019.10

ISBN 978-7-5480-5934-9

Ⅰ. ①太… Ⅱ. ①茱… ②姜… Ⅲ. ①宇宙－儿童读物 Ⅳ. ①P159-49

中国版本图书馆CIP数据核字(2018)第009489号

出 品 人　周建森
总 策 划　周建森　刘　芳
责任编辑　刘　滟　彭　珍　邹　莎
责任印制　汪剑菁
装帧设计　黄　明

WSKids WHITE STAR KIDS

Piazzale Luigi Cadorna,6
20123 Milan, Italy
www.whitestar.it

版权合同登记号：14-2017-0524

太空

[意] 茱莉亚·德·阿米克斯（绘）　姜昊骞（译）

出　　版　江西美术出版社
社　　址　南昌市子安路66号
邮　　编　330025
电　　话　0791—86566132
发　　行　全国新华书店
制　　版　江西省江美数码印刷制版有限公司
印　　刷　鹤山雅图仕印刷有限公司
版　　次　2019年10月第1版
印　　次　2019年10月第1次印刷
开　　本　787mm × 1092mm　1/8
印　　张　9
ISBN　978-7-5480-5934-9
定　　价　98.00元